Andrea Poy · Hans-Jürgen Weißbach · Michael Florian (Hrsg.)

Arbeits- und Funktionssicherheit vernetzter Systeme

Sozialverträgliche Technikgestaltung
Materialien und Berichte Band 40

Herausgeber: Das Ministerium für Arbeit, Gesundheit und Soziales
des Landes Nordrhein-Westfalen

Die Schriftenreihe „Sozialverträgliche Technikgestaltung" veröffentlicht Ergebnisse, Erfahrungen und Perspektiven des vom Ministerium für Arbeit, Gesundheit und Soziales des Landes Nordrhein-Westfalen initiierten Programms „Mensch und Technik – Sozialverträgliche Technikgestaltung". Dieses Programm ist ein Bestandteil der „Initiative Zukunftstechnologien" des Landes, die seit 1984 der Förderung, Erforschung und sozialen Gestaltung von Zukunftstechnologien dient. Der technische Wandel im Feld der Mikroelektronik und der modernen Informations- und Kommunikationstechnologien hat sich weiter beschleunigt. Die ökonomischen, sozialen und politischen Folgen durchdringen alle Teilbereiche der Gesellschaft. Neben positiven Entwicklungen zeichnen sich Gefahren ab, etwa eine wachsende technologische Arbeitslosigkeit und eine sozialunverträgliche Durchdringung der Gesellschaft mit elektronischen Medien und elektronischer Informationsverarbeitung. Aber es bestehen Chancen, die Entwicklung zu steuern. Dazu bedarf es einer breiten öffentlichen Diskussion auf der Grundlage besserer Kenntnisse über die Problemzusammenhänge und Gestaltungsalternativen. Die Interessen aller vom technischen Wandel Betroffenen müssen angemessen berücksichtigt werden, die technische Entwicklung muß dem Sozialstaatspostulat verpflichtet bleiben. Es geht um sozialverträgliche Technikgestaltung.
Die vorliegende Reihe „Sozialverträgliche Technikgestaltung. Materialien und Berichte" ist wie die parallel erscheinende Schriftenreihe „Sozialverträgliche Technikgestaltung" ein Angebot des Ministeriums für Arbeit, Gesundheit und Soziales, Erkenntnisse und Einsichten zur Diskussion zu stellen. Es entspricht der Natur eines Diskussionsforums, daß die Beiträge die Meinung der Autoren wiedergeben. Sie stimmen nicht unbedingt mit der Auffassung des Herausgebers überein.

Andrea Poy · Hans-Jürgen Weißbach
Michael Florian (Hrsg.)

Arbeits- und Funktionssicherheit vernetzter Systeme

Heißt „sicher" auch „sozialverträglich"?

Westdeutscher Verlag

Alle Rechte vorbehalten
© 1993 Westdeutscher Verlag GmbH, Opladen

Der Westdeutsche Verlag ist ein Unternehmen der Verlagsgruppe Bertelsmann International.

Das Werk einschließlich aller seiner Teile ist urheberrechtlich geschützt.
Jede Verwertung außerhalb der engen Grenzen des Urheberrechtsgesetzes
ist ohne Zustimmung des Verlags unzulässig und strafbar. Das gilt insbesondere für Vervielfältigungen, Übersetzungen, Mikroverfilmungen und
die Einspeicherung und Verarbeitung in elektronischen Systemen.

Umschlaggestaltung: Hansen Werbeagentur GmbH, Köln
Druck und buchbinderische Verarbeitung: Lengericher Handelsdruckerei, Lengerich
Gedruckt auf säurefreiem Papier
Printed in Germany

ISBN 3-531-12570-2

Inhalt

Andrea Poy/Hans-Jürgen Weißbach/Michael Florian

Editorial 1

Robert Holter-Hauke

Einführung 9

Johannes Mildner

*Anlagensicherheit –
Zur Realisierung sicherheitstechnisch
bedeutsamer Funktionen in Prozeßleitsystemen* 14

Reinhard Lux

*Das Problem der europäischen
Sicherheitsnormen und die zukünftige Rolle
der Berufsgenossenschaften* 27

Hans-Jürgen Weißbach

Risikokommunikation und Risikoprävention 33

CIM: Flexible Fertigungssysteme, Roboter und Automatisierungstechnik

Kurt Rühe

*Arbeits- und Funktionssicherheit
von Industrierobotersystemen* 49

Friedhelm Nolte

*Lösung von Sicherheitsproblemen
in der Montageautomation im Spannungsfeld
zwischen Anwendern und Herstellern* 55

Gerd Möll

*Implementation fortgeschrittener Produktions-
technologien und Arbeitsschutz* 63

Sicherheit Fahrerloser Transportsysteme

Heinz Köbbing

*Probleme der Arbeits- und Funktionssicherheit
bei der Datenübertragung in der Steuerung
von Fahrerlosen Transportsystemen* 73

Dietmar Reinert

*Können neuartige, berührungslos wirkende Sensoren
den Auffahrschutz an Fahrerlosen
Transportfahrzeugen (FTF) gewährleisten?* 87

Manfred Schoeller

Neue Möglichkeiten des Fahrerlosen Transports 95

Michael Florian

Vernetzungsrisiken bei der Transportautomatisierung 110

Prozeßleitsysteme und Simulation

Gerhard Lapke

Simulator-Training in Raffinerien 125

Boris Ludborzs

*Die Bedeutung der Simulation
für menschliche Zuverlässigkeit im Umgang
mit modernen Prozeßleitsystemen* 139

Neue Aufgaben des Arbeitsschutzes und des Sicherheitsmanagements

Gerd Peter

*Defizite des traditionellen Arbeitsschutzes
und neue Lösungswege* 153

Uwe E. Kleinbeck

Perspektiven eines partizipativen Sicherheitsmanagements 164

Andrea Poy/Hans-Jürgen Weißbach/Michael Florian

Editorial

Die Dialektik einer Technisierung, die sich zunehmend mit selbstinduzierten Risiken konfrontiert sieht, stellt auch an den Arbeitsschutz neue Anforderungen. Rein technisch orientierte Sicherheitskonzepte geraten in die Kritik, und selbst im Kreise "harter" Technisierer mehren sich Stimmen, die *kommunikative Kompetenz* im Umgang mit den Risiken von Arbeit und Technik einfordern. Kooperative institutionenübergreifende Zusammenarbeit scheint umso dringlicher, als in "vernetzten" Arbeitszusammenhängen in immer stärkerem Maße die Bewältigung technischer *und* "kommunikativer" Komplexität geboten ist.

Die unterschiedlichen Wahrnehmungen und Bewältigungsstrategien der Risiken von Arbeit und Technik erweisen sich durch zunehmende Professionalisierung und Differenzierung der Akteursgruppen als untereinander nicht mehr anschlußfähig (vgl. Weißbach 1993). Wie eng nun aber der Zusammenhang von Funktions- bzw. Anlagensicherheit auf der einen Seite und Gesundheits- bzw. Arbeitsschutz auf der anderen entgegen der fachlichen und abteilungsspezifischen Differenzierungen geworden ist, zeigt nicht zuletzt das Interesse der Gewerbeaufsicht und Sicherheitstechnik an diesem Thema (vgl. den Einleitungsbeitrag von Robert Holter-Hauke).

Insofern verwundert es nicht, wenn die Idee zu einer interdisziplinären Veranstaltung zu aktuellen Problemen des Arbeitsschutzes, deren Beiträge nun in diesem Band einer breiteren Öffentlichkeit vorgestellt werden sollen, auf eine Initiative von Vertretern der Gewerbeaufsicht, der Zentralstelle für Sicherheitstechnik, Sozialwissenschaftlern und *last not least* des Arbeitsministeriums und des Landesprogramms "Mensch und Technik – Sozialverträgliche Technikgestaltung" zurückgeht, denen für die finanzielle Förderung und fachlich-organisatorische Unterstützung des Vorhabens unser besonderer Dank gilt. Stellvertretend seien hier Herr Willi Riepert (Ministerium für Arbeit, Gesundheit und Soziales des Landes NRW), Herr Robert Holter-Hauke (Ministerium für Arbeit, Gesundheit und Soziales des Landes NRW, Staatliche Gewerbeaufsicht) und Herr Dr. Michael Böckler (Landesprogramm Mensch und Technik – Sozialverträgliche Technikgestaltung) genannt.

Die Veranstalter setzten sich zum Ziel, im Rahmen des Programms "Sozialverträgliche Technikgestaltung" ein Forum zu bieten, auf dem unterschiedliche, am Arbeitsschutz beteiligte Professionen, Verbände, Organisationen, Aufsichtsbehörden sowie Hersteller und Anwender neuer Technologien Spannungs- und Konfliktfelder abstecken und in einen, die Einzelperspektiven übergreifenden Dialog treten können.

Wie neuere Studien zum Arbeitsschutz zeigen, resultieren viele der sog. Informatisierungsrisiken aus einem Kommunikationsdefizit heterogener, bisher voneinander abgeschotteter inkompatibler "Kulturen" (von Anwendern, Herstellern, Entwicklern usw.), die im Zuge zunehmender Professionalisierung und Arbeitsteilung eigene - dabei für externe Beobachter intransparenter werdende - "Sicherheitsphilosophien" entwickeln. Dabei hat die Intensivierung des Informatisierungs- und Vernetzungsprozesses selbst die Notwendigkeit einer kommunikativen Integration unterschiedlicher Sicherheitskulturen wieder ins Blickfeld gerückt. "Interkulturelle" Kommunikation avanciert somit zur *conditio sine qua non* sicheren Arbeitshandelns. Dies gilt für die innerbetrieblichen Kommunikationsabläufe wie auch für die Beziehungen von Anwendern und Herstellern, Betreibern und Aufsichtsbehörden. Als Sozialwissenschafter betrachten wir diese Schnittstellenprobleme jedoch nicht als überwiegend technisch zu lösende Kompatibilitäts-, Normierungs- usw., sondern als tendenziell nicht abschließbare Kommunikationsprobleme, die sich oft als die wirklichen Schwachpunkte von Gestaltung und Prävention erweisen.

Trotz seiner imponierenden Tradition gerät der deutsche Arbeitsschutz als "Institution" daher zunehmend ins Kreuzfeuer nicht nur sozialwissenschaftlicher Kritik, die einen zunehmend "manifester werdenden Funktions- und Bedeutungsverlust" (Peter 1990) konstatiert, sondern auch in die Schußlinie professioneller Arbeitsschützer. Während in der Programmatik Prävention und Gestaltung den "klassischen" - auch immer noch notwendigen - Schutzzielen wie Unfallschutz, Brandschutz usw. den Rang ablaufen (Stichwort: "EG-Harmonisierung" mit weiter gefaßtem Gesundheitsschutzbegriff), steht die adäquate Umsetzung in die Praxis oft noch aus.

Die Institutionalisierungen von Risikokommunikation und Sicherheitskooperation sind Resultate langwieriger Prozesse, die ohne weiteres nicht administriert werden können. Der im Rahmen der Staatlichen Gewerbeaufsicht insitutionalisierte Arbeitsschutz krankt daher an einer *déformation professionelle*: Die Vielfalt der zu lösenden Probleme - vom Emissionsschutz bis zu Neuen Technologien - läßt die Institutionen des Arbeitsschutzes in ausdifferenzierte, hocharbeitsteilige Routinen flüchten, die bewährt scheinen, aber doch auch zunehmend ihre Dysfunktionalität im Hinblick auf Präventions- und Integrationsziele nicht verbergen können.

Die Institutionen des Arbeitsschutzes müssen sich jedoch den konfligierenden Anforderungen von Stabilität und Wandel stellen: In vielen Bereichen des Arbeitsschutzes stoßen wir auf Probleme der Hyperregulierung und Normeninflation. Normen sind in der betrieblichen, meist interdisziplinären Praxis wegen ihrer Komplexität nicht mehr handlungsleitend, sie werden sogar kontraproduktiv, wenn sie sich nicht mehr in das Arbeitshandeln integrieren lassen, dort einsichtig gemacht und reproduziert werden können. Auch Regulierungsstrategien haben ihren sinkenden Grenznutzen!

Die in diesem Band zusammengestellten Beiträge, die im folgenden kurz skizziert werden, sind ein Schritt in Richtung eines interdisziplinären Diskurses, in dessen Rahmen sowohl theoretisch-antizipative Überlegungen als auch empirische und praktische Befunde präsentiert werden sollen.

Johannes Mildner (Zentralstelle für Sicherheitstechnik des Landes NRW, Düsseldorf) behandelt in seinen Ausführungen die Problematik der Option Software- versus Hardwarelösung bei sicherheitstechnischen Schaltungen und begründet die spezifische Zulassungspolitik des Landes NRW, die darauf zielt, die Schwelle der Ablösung festverdrahteter durch software-gesteuerte Sicherheitsschaltungen nicht zu niedrig anzusetzen.

Reinhard Lux (Berufsgenossenschaft der Feinmechanik und Elektrotechnik, Köln) skizziert in seinem Beitrag die zukünftige Rolle der Berufsgenossenschaften im Zuge der EG-Harmonisierung. Entgegen allen Unkenrufen (sinkende Bedeutung der Unfallverhütungsvorschriften usw.) betont Lux die Kontinuität der Gestaltungsmöglichkeiten durch die Berufsgenossenschaften auf dem Feld des Arbeitsschutzes.

Daß die im Spannungsfeld zwischen den Akteuren auftretenden sozialen Schnittstellenprobleme nicht länger nur als Normierungsprobleme angemessen zu begreifen sind, zeigt der Beitrag von **Hans-Jürgen Weißbach** (IuK-Institut, Dortmund). Er plädiert dafür, sie als immer wieder neu auszuhandelnden kommunikativen Konsens zu verstehen, der sich weder automatisch über spezifische Systemlogiken und Normierungen einstellt, noch *ex cathedra* verordnen läßt.

In drei Arbeitsgruppen wurde gezielt versucht, potentielle Kooperations- und Konfliktpartner miteinander ins Gespräch zu bringen. Gemeinsam sollten Ansatzpunkte für eine "sozialverträgliche Technikgestaltung" zwischen Anwendern und Herstellern von Informationstechnik, Staatlicher Gewerbeaufsicht und Berufsgenossenschaften entwickelt und diskutiert werden.

In der ersten Arbeitsgruppe wurden die Ambivalenz und die Vielschichtigkeit des Zusammenhangs von Arbeits- und Funktionssicherheit an den Beispielen *CIM, Flexible Fertigungssysteme, Roboter* diskutiert.

Kurt Rühe (Miele & Cie., Gütersloh) stellt in seinem Beitrag die Automatisierungsstrategie der Firma Miele vor. Im Zentrum dieses Konzepts steht der vollständige Aufbau und die Optimierung neuer Fertigungs- bzw. Robotersysteme im Labor, so daß komplett ausgetestete Anlagen an die Fertigung übergeben werden können. Dies bietet den Vorteil, daß Probleme der Arbeits- und Funktionssicherheit bereits bei der Planung und Entwicklung berücksichtigt werden.

Zur Entschärfung der Probleme softwaregesteuerter Automationsprojekte schlägt **Friedhelm Nolte** (innospec GmbH, Bochum) eine Reihe organisatorischer Maßnahmen vor: Ganzheitliche Planung des Systems, parallele Produkt- und Produktionsplanung, frühzeitige Klärung von Schnittstellenproblemen, ebenso frühzeitige Bildung einer interdisziplinären Arbeitsgruppe, Qualifikation und Schulung der Mitarbeiter.

Gerd Mölls (Universität Dortmund) Überlegungen stellen die Bedeutung der Planungs- und Implementationsphase fortgeschrittener Fertigungs- und Informatisierungstechnologien für Fragen der Arbeitssicherheit heraus und schließen damit am Beispiel der Implementationsrisiken neuer Fertigungstechnologien konkretisierend an den Beitrag von Weißbach an. Möll weist auf das wachsende Risiko der übereilten Umsetzung unausgereifter technischer Lösungen in die Produktion und erörtert Voraussetzungen, Möglichkeiten und vorausschauende Implementationsstrategien, die arbeits- und gesundheitsschutzbezogenen Belangen Rechnung tragen können.

In der zweiten Arbeitsgruppe *Sicherheit fahrerloser Transportsysteme* war mit dem Thema der innovativen Techniken der Datenübertragung, der Fahrzeugführung und der Arbeitssicherheit von fahrerlosen Transportsystemen technologisches Neuland abzustecken. Die Beiträge greifen über den bereits realisierten Stand technischer Möglichkeiten weit hinaus. So ist mit einem verstärkten betrieblichen Einsatz der vorgestellten neuen Technologien (*spread-spectrum*-Funkübertragung; Leitdrahtlose Fahrzeugnavigation und berührungslose Sensorik im Auffahrschutz von FTS) erst in den kommenden Jahren zu rechnen. Gerade aus diesem Grund könnten sich jedoch auf diesem Feld noch Gestaltungsmöglichkeiten bieten.

Heinz Köbbing (Fraunhofer Gesellschaft – IML, Dortmund) stellt in seinem Beitrag die verschiedenen Verfahren der Datenübertragung in der Steuerung von fahrerlosen Transportsystemen vor und diskutiert Chancen und Risiken des Einsatzes neuer Technologien wie Infrarot- und *spread-spectrum*-Verfahren.

Dietmar Reinert (Berufsgenossenschaftliches Institut für Arbeitssicherheit BIA, St. Augustin) berichtet aus einem laufenden Forschungsprojektes des BIA über die Einsatzmöglichkeiten berührungslos wirkender Sensoren für den Auffahrschutz an fahrerlosen Transportsystemen (FTS). Leitende Frage des Projektes ist es, inwieweit durch neue Technologien gleiche Sicherheit gewährleistet werden kann wie durch konventionelle Auffahrschutzvorrichtungen.

Manfred Schoeller (Schoeller Transportautomation GmbH, Herzogenrath) stellt die Vor- und Nachteile fahrerloser Transportsysteme (FTS) vor allem unter sicherheitstechnischen, aber auch logistischen Gesichtspunkten vor. FTS unterscheiden sich in mehrfacher Hinsicht von konventionellen Systemen: Leitdrahtfreie Navigation, Programmierung von Wegenetzen, Haltestationen usw. im Rahmen einer Lernfahrt (*teach-in*), berührungslos wirkende Personensicherungen.

Michael Florian (Universität Dortmund) beschäftigt sich in seinem Beitrag mit "kulturellen Kollisionen" und Vernetzungsrisiken bei der Automatisierung des innerbetrieblichen Transports. Aus seiner Sicht erfordert ein erfolgreiches Risikomanagement vernetzter fahrerloser Transportsysteme eine produktive Risikokommunikation und Zusammenarbeit zwischen allen am Gestaltungsprozeß informationstechnischer Systeme Beteiligten, vor allem zwischen Herstellern, Betreibern und Aufsichtsdiensten.

In der Arbeitsgruppe *Prozeßleittechnik und Simulation* stehen die Anwendungsprobleme dieser Technologien, vor allem die Möglichkeiten und Grenzen des Simulatortrainings, dessen Integration in die konventionelle Ausbildung und sein Einfluß auf betriebliche Kommunikationsflüsse im Mittelpunkt der Diskussion.

Gerhard Lapke (VEBA OEL AG, Gelsenkirchen) weist in seinem Beitrag auf mit dem Simulatoreinsatz verbundene Qualifizierungschancen hin. Das Training am Simulator bietet dem Anlagenfahrer die Möglichkeit, praktische Erfahrungen am Modell zu sammeln, ohne dabei das reale Prozeßgeschehen zu gefährden. Zudem können die Konsequenzen des eigenen Fehlverhaltens unmittelbar kritisch reflektiert werden.

Auch **Boris Ludborzs** (Berufsgenossenschaft der Chemischen Industrie, Heidelberg) teilt Lapkes positive Einschätzung des Simulatortrainings; er plädiert jedoch auch für Organisations- und Gestaltungsmaßnahmen, die den für Simulationen hohen Programmieraufwand vermeiden könnten. "Totale Simulationen", die im Gegensatz zu Komponentensimulationen bis ins Detail mit der simulierten Anlage übereinstimmen müssen, gerieten somit schnell in einen Kostenbereich, in dem sich der erwartete Nutzen nicht mehr rechnet.

Die kritische Diskussion, die sich auf der Tagung an einigen Beiträgen entzündete, läßt zum einen auf einen erheblichen Diskussions- und auch Handlungsbedarf schließen, sie dokumentierte zum anderen jedoch auch gerade die unterschiedlichen Erwartungshaltungen der Teilnehmer. Herrschte im Punkte des Handlungsbedarfes einhelliger Konsens unter den Gesprächsteilnehmern, forderten die Vertreter der Praxis, vor allem der Gewerbeaufsicht, dann auch konkrete Umsetzungsoptionen ein.

Einen solchen Ansatz zu pragmatischen Gestaltungsmöglichkeiten liefert **Uwe Kleinbeck** (Universität Dortmund, Organisationspsychologie) mit seinem Konzept des *Partizipativen Sicherheits-Managements (PSM)*. Für die Bewältigung alltäglicher Störereignisse scheint hier ein praktikables Instrument gefunden, seine Anwendung auf das Handling und die Antizipation hochgradig riskanter und damit seltener Situationen steht jedoch noch aus.

Daß partizipative und kooperative Konzepte nicht allein schon Garant für die gelingende Bewältigung von Sicherheitsprobleme sind, darauf zeigt der Beitrag von **Gerd Peter** (Sozialforschungsstelle Dortmund), der die Ergebnisse einer Untersuchung über sicherheitsbezogene betriebliche Kooperationen vorstellte.

Als Fazit der von Werner van Treeck (Universität/GHS Kassel) moderierten Diskussion kann der Konsens festgehalten werden, daß Sicherheit nicht länger als erklärtes Institutionsziel einzelner Träger apostrophiert werden darf, sondern als Ziel kooperativen Arbeitshandelns begriffen werden muß. Gemessen an dieser Forderung werden die Schwächen normativ-funktionaler Ansätze im Arbeitsschutz deutlich, die noch meinen, mit der notwendigen Kompetenzabgrenzung und organisatorischen Transparenz sei das Notwendige getan.

Wie die Untersuchungen der Sozialforschungsstelle zeigen, ist mit der Existenz neuer Prioritäten im Bewußtsein der Arbeitssicherheitsfachkräfte (vgl. Peter in diesem Band) noch nichts darüber ausgesagt, wie die Thematisierungsstrukturen und -häufigkeiten in den Institutionen des Arbeitsschutzes (z.B. Arbeitssicherheitsausschuß nach ASiG) diesen neuen subjektiven Prioritäten schon Rechnung tragen. Die Untersuchung verdeutlicht den Konservatismus routinierter institutioneller Bewältigungsstrukturen der Arbeitssicherheit, jedenfalls ein Hinterherhinken hinter den als "kulturelle Standards" erachteten Sicherheitszielen.

Der Erfolg von Kooperationen kann sich selten durch quantifizierbare Bilanzen ausweisen. Unsere Tagung verstand sich als ein Angebot zu einer professions- und institutionsübergreifenden Risikokommunikation, die sich sicherlich nicht immer bruchlos in die Praxis integrieren läßt und dort fruchtbar gemacht werden kann.

Daß die hier oft fehlende Euphorie noch lange nicht die völlige Irrelevanz wissenschaftlicher Ergebnisse für die Praxis bedeutet, mag Wissenschaftler zwar beruhigen können (Beck/Bonß 1989: 24ff.), ihre Umsetzung stellt allerdings einen langwierigen, keineswegs widerspruchsfreien Prozeß dar. Schließen wir uns dieser Sichtweise an, so können wir die Fachtagung "Arbeits- und Funktionssicherheit vernetzter Systeme" vielleicht am Beginn einer solchen Prozeßkette verorten und dürfen gespannt sein, in welcher Weise wir zu den hier benannten Themen in Zukunft auf institutionalisierte oder *ad-hoc*-Risikodiskurse stoßen werden.

Literatur

Beck, U./Bonß, W. (1989): Weder Sozialtechnologie noch Aufklärung? Analysen zur Verwendung sozialwissenschaftlichen Wissens, Frankfurt/M.

Florian, M. (1993): "Kulturelle" Kollisionen. Kommunikationsrisiken und Risikokommunikation beim Einsatz Fahrerloser Transportsysteme, in: I. Wagner (Hg.), Kooperative Medien. Informationstechnische Gestaltung moderner Organisationen, Frankfurt/M./New York (in Druck)

Peter, G./Pröll, U. [Hg.] (1990): Prävention als betriebliches Alltagshandeln, Dortmund/Bremerhaven

Perrow, Ch. (1984): Normal Accidents. Living with High-Risk Technologies, New York

Weißbach, H.-J. (1993): Kommunikative und kulturelle Formen der Risikobewältigung in der informatisierten Produktion, in: H.-J. Weißbach/A. Poy (Hg.), Risiken informatisierter Produktion, Opladen

Robert Holter-Hauke
Ministerium für Arbeit, Gesundheit und Soziales des Landes NRW, Gewerbeaufsicht

Einführung

In Nordrhein-Westfalen ist das Ministerium für Arbeit, Gesundheit und Soziales die oberste Arbeitsschutzbehörde. Innerhalb dieses Ministeriums befassen sich sieben Fachreferate mit Problemen des Arbeitsschutzes und mit der Durchsetzung der Arbeitsschutzbestimmungen durch die Staatliche Gewerbeaufsicht. Durch meine Tätigkeit im Referat "Chemiepolitik und Anlagensicherheit" ergeben sich für mich besondere Anknüpfungspunkte zur heutigen Veranstaltung. Vor diesem fachlichen bzw. fachpolitischen Hintergrund möchte ich in das Programm einführen und werde im folgenden darstellen, warum dieser hier dokumentierten Veranstaltung in mehrfacher Hinsicht eine besondere Bedeutung zukommt.

Das Thema der Tagung lautet: "Arbeits- und Funktionssicherheit vernetzter Systeme". Es sind hier zwei Begriffe genannt, nämlich Arbeits- und Funktionssicherheit, die zwar in ihrer Bedeutung jeweils eigenständig sind, aber durchaus Beziehungen und Abhängigkeiten untereinander aufweisen.

Die Gewährleistung der *Arbeitssicherheit* ist eine Komponente der Sozialverträglichkeit eines Systems oder einer Anlage. Der Schutz der Arbeitnehmer ist Aufgabe und Verpflichtung des Anlagenbetreibers und geht durchaus über das betriebswirtschaftlich begründete Interesse am Arbeitsschutz hinaus.

Die *Funktionssicherheit* betrifft die Gewährleistung des bestimmungsgemäßen Betriebs einer Einrichtung. Sie ist vor allem betriebswirtschaftlich erwünscht. Der Schutz der Arbeitnehmer ist dabei nicht unmittelbar im Blickfeld; es geht um das zweckgerichtete Funktionieren eines Systems. Der Arbeitnehmer ist in diesem Zusammenhang allerdings insoweit von Bedeutung, als daß er eine wichtige Bedien- und Wartungsaufgabe zu erfüllen hat.

Funktionssicherheit bedeutet nicht, daß auch der Arbeitnehmer ausreichend vor Gefahren geschützt ist. Auch eine gut funktionierende Anlage schließt z.B. mechanische oder stoffbedingte Gesundheitsgefahren für den Arbeitnehmer nicht aus. Insbesondere können jedoch Funktionsfehler einer Anlage zu erheblichen Gefahren für die Beschäftigten führen. Fehler in der Meß-, Steuer- und Regelungstechnik können Steuerbefehle auslösen, die Schutzfunktionen außer Betrieb setzen, unkontrollierte Maschinenbewegungen verursachen oder einen gefährlichen Systemzustand heraufbeschwören (Beispiel: unkontrollierte chemische Reaktion).

Aufgrund dieser Abhängigkeiten ist es sinnvoll, die Arbeits- und Funktionssicherheit von Anlagen und Systemen möglichst ganzheitlich zu betrachten. Eine solche ganzheitliche Betrachtungsweise sollte im Rahmen der hier dokumentierten Veranstaltung am Objekt der sog. vernetzten Systeme versucht werden.

Unter einem "vernetzten System" ist dabei ein aus verschiedenen Einzelkomponenten aufgebautes System zu verstehen, das technisch und/oder organisatorisch so verknüpft ist, daß ein größeres Wirkungsgeflecht entsteht. Insbesondere ist hier die datentechnische Vernetzung, wie sie heute in modernen Produktionsanlagen zu finden ist, angesprochen.

Wenden wir uns nun dem Menschen zu, der mit einem komplexen System konfrontiert wird. In den letzten Jahren hat sich in der Produktions- und Verfahrenstechnik eine deutliche Entwicklung hin zum Einsatz moderner Automatisierungstechnik abgespielt, die in ihrer Dynamik weiterhin anhält. Dies bedeutet, daß mehr und mehr Arbeitnehmer anspruchsvolle Aufgaben in modernen, vernetzten Anlagen übernehmen. Dadurch ändert sich für die Arbeitnehmer das Anforderungs- und Belastungsprofil, aber auch das Gefährdungspotential am Arbeitsplatz. Die Unfallgefahr und die unmittelbare körperliche Belastung werden geringer. Andererseits wächst durch zunehmende Überwachungs- und Steuerungsaufgaben an kostenintensiven Anlagen die psychomentale Belastung des Arbeitnehmers.

Verläuft ein automatisierter Prozeß im Normalbetrieb, reduzieren sich die Aufgaben für das Bedienungspersonal bis hin zur Unterforderung. Treten plötzlich außergewöhnliche Betriebszustände auf oder droht gar ein Störfall mit schwerwiegenden Auswirkungen, können sich die Anforderungen an das Bedienungspersonal schnell bis zur Überforderung steigern. Rasches und richtiges Reagieren ist oft entscheidend für die Störfallvermeidung und für die Begrenzung von Schadensauswirkungen. Um hier die notwendige Reaktionssicherheit der Anlagenfahrer zu erreichen, sind fortschrittliche Konzepte zur Meßwartengestaltung (einschließlich der Software-Ergonomie) und des Störfalltrainings erforderlich. Es gilt dabei, die Informationsschnittstelle zwischen Mensch und Maschine zu optimieren.

Auf der anderen Seite muß zum sicheren Betrieb einer Anlage auch die Anlagen*technik* auf Dauer sicher funktionieren. Eine sicherheitsgerechte Konstruktion und Ausführung der Anlage vorausgesetzt, sind dazu erhebliche organisatorische Maßnahmen erforderlich. Angefangen bei der Prüfung vor Inbetriebnahme müssen während der Lebensdauer einer Anlage immer wieder die Funktionssicherheit der Einzelkomponenten und der Datenübertragung sowie das regelungstechnische Zusammenspiel überprüft werden. Dies gilt speziell für die sicherheitsrelevanten Funktionen und Komponenten eines Systems.

Je komplexer ein System ist, umso weniger ist es jedoch in seinen Zusammenhängen überschaubar und umso aufwendiger ist die Prüfung der Funktionssicherheit. Insbesondere trifft dies für die datentechnische Vernetzung und die Verarbeitung der von den Einzelkomponenten der Anlage gelieferten Daten zu. Die Frage, inwieweit speicherprogrammierbare Steuerungen unabdingbare Sicherheitsfunktionen übernehmen können, verdient in diesem Zusammenhang besondere Aufmerksamkeit. Wie sicher lassen sich beispielsweise folgenträchtige Programmfehler ausschließen? Wie umfangreich und detailliert müssen Sicherheitsprüfungen bei Systemen sein, die aus miteinander verflochtenen Einzelkomponenten bestehen? Es zeigt sich bei diesen Fragen, daß die zunehmende Komplexität und Variabilität eines Systems neue Sicherheitsrisiken mit sich bringt.

Wenden wir uns nun der Frage zu, wie es mit der rechtlichen und praktischen Umsetzung solcher neueren Erkenntnisse der sicherheitstechnischen Forschung aussieht. Die Probleme, d.h. die speziellen Belastungen und Gefahren, die komplexe, automatisierte Anlagen für den Arbeitnehmer mit sich bringen, sind nicht erst seit heute Thema in einschlägigen Fachkreisen. Durch erweiterten Erfahrungsaustausch untereinander und die Zusammenarbeit von Fachleuten unterschiedlicher Denkrichtungen entsteht zunehmend eine Basis sog. gesicherter Erkenntnisse. Solche Erkenntnisse aus Wissenschaft und Praxis sind erforderlich, um sinnvolle Anstöße in den politischen Raum hinein zu geben und notwendige Gesetzesinitiativen zu begründen.

Leider werden neue Erkenntnisse, die Anstrengungen bei ihrer praktischen Umsetzung erfordern, erst dann konsequent auf breiter Ebene umgesetzt, wenn sie ihren Niederschlag in bindenden Vorschriften gefunden haben. Dies hängt nicht zuletzt damit zusammen, daß die Überwachungsbehörden erst dann das rechtliche Instrumentarium erhalten, die erforderlichen Maßnahmen in den Betrieben durchzusetzen. Sind Arbeitsschutzprobleme und ihre Ursachen erkannt, ist von den zuständigen staatlichen Organen zu prüfen, ob ein rechtlicher Regelungbedarf besteht. Der Weg bis zu einer gesetzlichen Regelung ist allerdings oft lang, und manchmal werden gesetzgeberische Konsequenzen erst gezogen, wenn schon "einige Kinder in den Brunnen gefallen sind". Das grundsätzliche Problem, daß die Rechtsentwicklung dem Wissensfortschritt hinterherhinkt, läßt sich ohnehin nicht lösen.

In den letzten Jahren hat es im Bereich der Anlagensicherheit jedoch unübersehbare rechtliche Fortschritte gegeben. Hier spreche ich insbesondere die Störfall-Verordnung an. Sie verlangt bei der Sicherheitsbetrachtung einer Anlage den Blick über die Einzelkomponente eines Systems hinaus

- auf das Zusammenwirken des Gesamtsystems
- auf die technischen und organisatorischen Schnittstellen
- auf das Verhalten der Anlage bei außergewöhnlichen Betriebszuständen und
- auf die möglichen Folgen von Störfällen.

Dieser Ansatz einer *umfassenden* Gesamtbetrachtung der Sicherheit einer Anlage wird auch den Sicherheitsproblemen gerecht, die vernetzte Systeme aufwerfen. Der Verknüpfung einzelner Anlagenkomponenten durch die Meß-, Steuer- und Regelungstechnik gilt nun ein verstärktes Augenmerk. Dies dokumentiert auch der nachfolgende Vortrag, der sich mit speziellen Sicherheitsfragen der Meß-, Steuer- und Regelungstechnik befaßt.

Insgesamt wurden in den Beiträgen zu dieser Tagung Fragestellungen behandelt, die einen Frontbereich moderner Sicherheitstechnik umreißen. Daher war mein Haus von vornherein daran interessiert, daß diese Veranstaltung unter Beteiligung breiter Fachkreise durchgeführt wird. Es ist notwendig, den Erkenntnisfortschritt über Gefahren und Schutzmaßnahmen bei der Anwendung neuer Techniken zu fördern. Die für den Arbeits- und Gesundheitsschutz zuständigen Überwachungsbehörden und obersten Landesbehörden müssen bereit sein, Denkanstöße aufzunehmen, sich an der Meinungsbildung zu beteiligen und die Herausforderungen moderner Technikgestaltung anzunehmen. Genauso, wie sich die Technik verändert und mit ihr neue Erkenntnisse wachsen, müssen sich auch der Arbeits- und Gesundheitsschutz in Inhalt und Strategie einem Wandel unterziehen.

In den folgenden Beiträgen werden aktuelle Informationen zu Einzelaspekten der Anlagen- und Systemsicherheit gegeben. Einen wesentlichen Reiz gewinnt diese Veranstaltung dabei durch die Möglichkeit des Informationsaustausches zwischen den Fachleuten verschiedener Professionen, zwischen Wissenschaft und Praxis, Anlagebetreibern und Überwachungsinstitutionen. Ich hoffe, daß der Meinungsaustausch zu einem vertieften Verständnis der verschiedenen Faktoren führt, die die Sicherheit vernetzter Systeme bestimmen, und die Bereitschaft zu der notwendigen interdisziplinären Zusammenarbeit wächst.

Johannes Mildner
Zentralstelle für Sicherheitstechnik, Düsseldorf

Anlagensicherheit – Zur Realisierung sicherheitstechnisch bedeutsamer Funktionen in Prozeßleitsystemen

1 Einführung

Die Realisierung sicherheitstechnisch bedeutsamer Funktionen in modernen Prozeßleitsystemen stellt neue und erhöhte Anforderungen sowohl an die Hersteller und Anwender dieser Technik als auch an die zuständigen Genehmigungs- und Überwachungsbehörden.

Unter sicherheitstechnischem Aspekt vereinfacht dargestellt muß sich der Hersteller um die Sicherheit und Zuverlässigkeit seiner Erzeugnisse bemühen und ggf. hierzu entsprechende Nachweise erbringen. Der Anwender hat (nachprüfbar) dafür zu sorgen, daß die sichere Funktionsweise der Systeme und Anlagen während des Betriebes gewährleistet bleibt. Die zuständige Behörde muß – u.U. nach Begutachtung und Beratung mit Experten – in der Lage sein, sich ein Urteil über den sicheren Betrieb der Einrichtungen bilden zu können. Die Lösung dieser Aufgaben wird umso komplizierter und anspruchsvoller, je komplexer die Systeme werden.

Nun läßt sich nicht übersehen, daß der Automatisierungsgrad in Produktionsprozessen und somit auch die Komplexität der Systeme und Anlagen in der Vergangenheit zugenommen hat. Der Mensch als Betreiber und Nutzer dieser Anlagen wird direkt immer weniger am Prozeß beteiligt und zunehmend in die Rolle eines Überwachers bzw. Beobachters gedrängt. Unter diesem Gesichtspunkt kommt der Schnittstelle Mensch – Anlage/Maschine eine besondere Bedeutung zu.

2 Zum Zusammenhang zwischen der Zuverlässigkeit der Anlage und dem Benutzer/Betreiber

Durch die Erhöhung der Zuverlässigkeit technischer Systeme wird versucht, das mit dem Betrieb von Anlagen verbundene Risiko – absolute Zuverlässigkeit gibt es nicht – herabzusetzen. Das kann durch unterschiedliche Maßnahmen (z.B. Redundanz) erreicht werden, führt aber letztlich zu einer Erhöhung der funktionalen Systemkomplexität, wodurch wiederum Quellen von Störungen entstehen.

Andererseits erfordert eine erhöhte Technikzuverlässigkeit immer weniger den Eingriff des Anlagenbedieners. Im Anforderungsfall steigt dann jedoch der Umfang der zu übermittelnden Informationen. Das kann beim ungeübten Bediener leicht zu Überlastungen und Streßsituationen führen, da der "Ernstfall" eine Seltenheit dargestellt. Diese Sachlage kann mit den Eigenschaften der Benutzer erklärt werden. Drei typische Dimensionen von Benutzereigenschaften zeigt die folgende Abbildung.

Abb. 1: Benutzereigenschaften (Kreiss 1985)

Eine Dimension bildet das vorhandene Anwendungswissen, das den Experten vom Anfänger unterscheidet. Es ist Wissen, das mit der eigentlichen Problemstellung zusammenhängt. Hinzu kommt als zweite Dimension das verfügbare Wissen über den Betrieb der Anlage. Die Benutzerhäufigkeit stellt die dritte Dimension dar. Sie bestimmt das Verhalten. Innerhalb dieses Koordinatensystems nimmt der aktuelle Benutzer einen bestimmten Arbeitspunkt ein, der wiederum eine variable Größe ist. Er hängt z.B. vom Übungszustand des Benutzers ab. Bei Übungsverlust, der auch durch seltene Anforderung entstehen kann, bewegt er sich in Richtung Koordinatenursprung und verdeutlicht somit die neue Situation des Benutzers. Es muß also festgestellt werden, daß eine Erhöhung der Zuverlässigkeit der Technik ohne zusätzliche Maßnahmen (z.B. Training, Simulation) zu einer Verringerung der Zuverlässigkeit des Benutzers führen kann. Dieser Zusammenhang stellt ein interessantes Optimierungsproblem dar, auf das im weiteren jedoch nicht eingegangen werden soll. Er muß aber beachtet werden, wenn Maßnahmen zur Anhebung der Zuverlässigkeit der Technik ergriffen werden sollen.

3 Risiko, Grenzrisiko, Gefahr, Sicherheit

Maßnahmen zur Erhöhung der Zuverlässigkeit werden, wie bereits erwähnt, ergriffen, um das mit dem Betrieb von Anlagen verbundene technische Risiko unter ein bestimmtes Grenzrisiko zu drücken (Abb. 2 und 3).

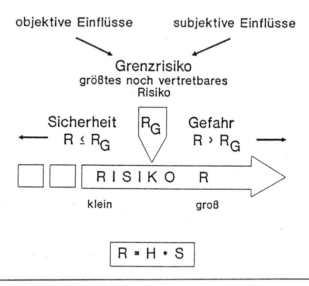

Abb. 2: *Beziehungen zwischen den Begriffen Risiko, Grenzrisiko, Gefahr und Sicherheit (H = Häufigkeit; S = Ausmaß des Schadens) [DIN VDE 31000]*

Das technische Risiko ist definiert als Verknüpfung der beiden Größen *Schadensausmaß* und *Eintrittswahrscheinlichkeit* des unerwünschten Ereignisses. Das kann im einfachen Fall eine Produktbildung sein. Bei der Bewertung des Risikos durch Festlegung eines Grenzrisikos als größtes noch vertretbares Risiko werden Aussagen über Gefahr und Sicherheit gewonnen. Die Festlegung des Grenzrisikos wird durch objektive und subjektive Faktoren beeinflußt. Die Herabsetzung des Risikos kann durch unterschiedliche Mittel und

Maßnahmen erfolgen. Geeignet hierfür sind u.a. technische Mittel, insbesondere Mittel der Meß-, Steuerungs- und Regelungs- (MSR) Technik, aber auch Nicht-MSR-Mittel wie bspw. organisatorische Maßnahmen. Festzustellen ist, daß in jedem Fall ein Restrisiko vorhanden bleibt, das mit ausreichendem Abstand unter dem Grenzrisiko liegt.

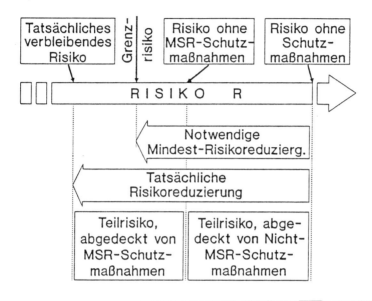

Abb. 3: Reduzierung des Risikos durch MSR- und Nicht-MSR-Maßnahmen (DIN V 19250)

Im Mittelpunkt der weiteren Betrachtungen soll die Risikoreduzierung mittels MSR-Maßnahmen stehen, um daraus Schlußfolgerungen über die Realisierung sicherheitstechnisch bedeutsamer Funktionen in hochintegrierten Anordnungen der Mikroelektronik (speicherprogrammierbare Steuerungen, Prozeßrechner) ziehen zu können.

4 Hierarchisches Sicherheitskonzept

Entsprechend einem Sicherheitskonzept für den Einsatz der Mikroelektronik läßt sich eine hierarchische Gliederung der MSR-Technik erkennen (s. hierzu auch VDI/VDE 2180).

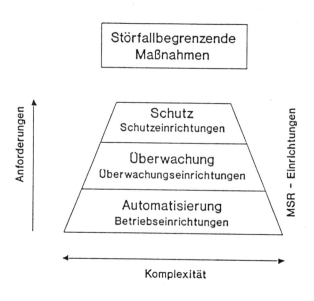

Abb. 4: Hierarchisches Sicherheitskonzept

Die unterste Ebene dient der Automatisierung des Prozesses und wird mit MSR-Betriebseinrichtungen realisiert. Typisch hierfür ist der Einsatz von speicherprogrammierbaren Steuerungen und Rechnern mit komplexen Regelalgorithmen und Ablaufsteuerungen, die über intelligente, automatische Optimierungsstrategien verfügen können. Es werden eine Vielzahl von Prozeßsignalen erfaßt und verarbeitet. Dabei wird ständig in den Prozeß eingegriffen.

Die MSR-Überwachungseinrichtungen der nächsthöheren Ebene greifen in den Prozeß ein, wenn eine Prozeßgröße den normalen Betriebsbereich verläßt. Das geschieht mit dem Ziel der Rückführung in den Normalbereich. Es sollen unerwünschte Betriebszustände sowie Umweltbelastungen vermieden werden. Bei gut geführten Prozessen greifen Überwachungseinrichtungen im allgemeinen selten ein. Sie sind gegenüber der Automatisierung wesentlich einfacher konzipiert. Auf automatische Optimierungsalgorithmen wird zugunsten der Übersichtlichkeit verzichtet.

Wird der Prozeß weder von der Automatisierung noch von der Überwachung beherrscht, springt zur Verhinderung von Personen- oder großen Umweltschäden eine MSR-Schutzeinrichtung der Schutzebene (höchste Ebene) durch Auslösen der vorgesehenen Schutzaktion an. Im Idealfall sollte ein Eingreifen des Schutzes nicht erforderlich sein. Trotzdem muß er so konzipiert sein, daß Ausfälle der Schutzeinrichtung seine Wirksamkeit nicht beeinflussen (z.B. durch Redundanz). Von der Struktur her sollte er deshalb so einfach und geradlinig wie möglich aufgebaut sein. Er muß fehlersicher oder fehlertolerant sein. Diesen Forderungen kann relativ einfach durch die Verwendung von diskreten elektronischen Bauelementen in verbindungsprogrammierten Steuerungen entsprochen werden. Werden jedoch Fehlertoleranz und eindeutige Fehlerortung in kurzer Zeit nachgewiesen, so sind auch hochintegrierte Bauelemente der Mikroelektronik in Schutzeinrichtungen bis zum höchsten Sicherheitsniveau einsetzbar. Kommt es trotz aller sicherheitstechnischer Vorkehrungen dennoch zum Störfall, so greifen störfallbegrenzende Maßnahmen (z.B. Katastrophenschutz, Feuerwehr) ein.

5 Aufbau von Prozeßleitsystemen

Die Abb. 5 zeigt den prinzipiellen Aufbau von Prozeßleitsystemen, der das eben erläuterte Sicherheitskonzept widerspiegelt. Die Informationen über den Prozeßzustand werden durch Meßwertgeber gewonnen und über eine Signalaufbereitung (z.B. Digitalisierung, Umwandlung in Normsignale) sowie gegebenenfalls eine Entkopplungseinrichtung der Steuerung/Regelung, der Überwachung und dem Schutz zur Verfügung gestellt. Daneben besteht noch die Möglichkeit des Eingebens von Bediensignalen. Diese Signale können allerdings nur an die Steuerung/Regelung (z.B. Auslösen eines Prozeßablaufes, Eingabe von Sollwerten) und die Überwachung (z.B. Quittierung von Meldungen) gegeben werden. Ein Zugriff auf den Schutz ist nicht möglich. Er wirkt selbständig und vorrangig auf die Einzelsteuerung oder direkt auf Stellglieder. Hierfür sorgen Vorrangbaugruppen, die im Gefahrenfall die Signale aus den anderen Baugruppen blockieren.

Im Normalbetrieb beeinflussen die Signale aus der Steuerung/Regelung über die Kette Entkopplung - Einzelsteuerung (z.B. Verstärker) - Stellglied (z.B. Ventil) den Prozeß. Bei Verlassen des Normalbetriebes und Übergang in den zulässigen Fehlbereich wirken die Signale aus der Überwachung über die genannte Kette auf den Prozeß ein. Aufgrund der hohen Bedeutung des Schutzes unterliegen alle Geräte und Einrichtungen im Schutzpfad besonderen sicherheitstechnischen Bedingungen und Anforderungen. Dabei ist es unerheblich, ob die Schutzfunktion in herkömmlicher Technik oder in mikroelektronischen Funktionsgruppen realisiert wird.

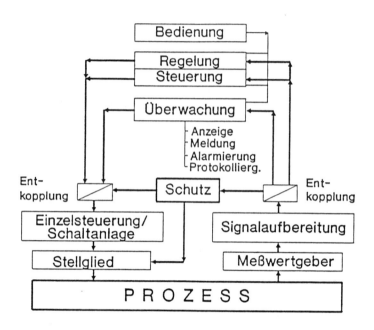

Abb. 5: *Aufbau von Prozeßleitsystemen*

6 Maßnahmen bei der Erstellung und dem Betrieb von Schutzeinrichtungen

Zur Erhöhung bzw. Garantie der Sicherheit und Zuverlässigkeit von Schutzeinrichtungen können Maßnahmen vor und während des Betriebes ergriffen werden (vgl. Abb. 6). Maßnahmen zur *Fehlervermeidung* sind bereits während der Entwicklung/Projektierung vorgesehen. Sie werden z.B. durch Überdimensionierung, Einsatz bewährter Gerätetechnik, Ausschalten von Umgebungseinflüssen, Vorkehrungen gegen Fehlbedienungen, Optimierung, Typprüfungen realisiert. Im Stadium der Fertigung sorgen Kontrollen und Überwachung, Voralterung der Baugruppen sowie eine exakte Dokumentation für das Vermeiden von Fehlern. Auftretende *Fehler* beim Betrieb können *beherrscht* werden durch technische Vorkehrungen.

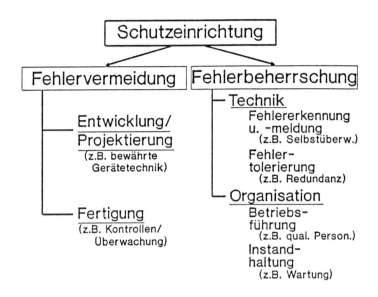

Abb. 6: Maßnahmen bei der Erstellung und dem Betrieb von Schutzeinrichtungen

Hierbei sind selbsttätige Überwachungseinrichtungen, ein prüfgerechter Aufbau sowie entsprechende Diagnoseeinrichtungen den Maßnahmen zur Fehlererkennung und -meldung zuzuordnen, während z.B. Fehlerfortpflanzungssperren, Redundanz sowie fail-safe-Verhalten geeignete Mittel zur Fehlertolerierung sind.

Organisatorische Maßnahmen bei der Betriebsführung sind der Einsatz von qualifiziertem Personal, Maßnahmen zum Erkennen und Beherrschen von Ausfällen und Störungen (z.B. Plausibilitätskontrollen, Trendanalysen) sowie Maßnahmen gegen Fehlbedienungen.

Eine geeignete Instandhaltungsstrategie, eine regelmäßige Beurteilung des Ist-Zustandes, die Wartung und Instandsetzung, eine optimale Ersatzteillagerung sowie die lückenlose Dokumentation und Auswertung bilden geeignete organisatorische Maßnahmen der Instandhaltung.

7 Einstufung von MSR-Einrichtungen

Um den Umfang der zur Erhöhung der Sicherheit und Zuverlässigkeit zu ergreifenden Maßnahmen festzulegen und damit die Anforderungen an die Schutzeinrichtungen formulieren zu können, ist es nötig, einen Bezug zu den oben dargelegten Risikobetrachtungen (s. Abb. 2 und 3) herzustellen.

Ein Vorschlag hierzu wurde in der Vornorm DIN V 19250 (1989) unterbreitet. Dabei wird ein Zusammenhang zwischen Risiko, ausgedrückt durch die Risikoparameter Schadensausmaß, Aufenthaltsdauer von Personen, Möglichkeit der Gefahrenabwendung sowie Eintrittswahrscheinlichkeit des unerwünschten Ereignisses, und Anforderungen an die MSR-Schutzeinrichtung hergestellt. Es entstehen acht Anforderungsklassen, denen wiederum in abgestufter Form bestimmte Merkmale zugeordnet sind.

Zum Einsatz von Mikroprozessoren in MSR-Schutzeinrichtungen wurde ein Klassifizierungssystem von Hölscher und Rader (1984) entwickelt. Es nimmt eine Einteilung in fünf Klassen vor und jeder dieser Klassen wird ein Maßnahmenbündel zugeordnet, das die in der jeweiligen Klasse zu stellenden Anforderungen erfüllt. In ähnlicher Weise wird in der Vornorm DIN V VDE 0801 (1990) vorgegangen, wobei allerdings in acht Anforderungsklassen unterteilt wird. Dadurch entsteht Kompatibilität zu den Risikobetrachtungen in der DIN V 19250.

Die Klasseneinteilung ermöglicht dem Hersteller und den Prüfinstituten eine Einordnung ihrer Einrichtungen nach sicherheitstechnischen Gesichtspunkten. Festzustellen ist, daß es sich bei den Betrachtungen zu Risiken und daraus abgeleiteten Sicherheitsanforderungen um eine qualitative Vorgehensweise handelt. Es ist im allgemeinen nicht möglich, Risiken in diesem Zusammenhang zu quantifizieren. Die vorgestellten Verfahren können vorteilhaft für Einzelgeräte bzw. überschaubare Anordnungen angewendet werden. Mit zunehmender Komplexität der Anlage wird unter Berücksichtigung der vielseitigen Wechselwirkungen die Anwendung immer komplizierter bis unmöglich.

8 Anlagen mit erhöhtem Gefahrenpotential (Störfall-Anlagen)

Insbesondere für Anlagen mit erhöhtem Gefahrenpotential erscheint eine Anwendung der Risikobetrachtungen unter Zugrundelegung der Risikoparameter nach DIN V 19250 nicht möglich. Derartige Anlagen unterliegen in der Regel der Störfall-Verordnung. Die Aufgabe von Schutzeinrichtungen in diesen Anlagen besteht darin, den Störfall zu verhindern. Was in diesem Zusammenhang unter einem Störfall zu verstehen ist, wird im § 2 Abs. 1 der genannten Verordnung definiert:

> "Störfall im Sinne dieser Verordnung ist eine Störung des bestimmungsgemäßen Betriebes, bei der ein Stoff nach den Anhängen II, III oder IV der Verordnung durch Ereignisse wie größere Emissionen, Brände oder Explosionen sofort oder später eine ernste Gefahr hervorruft."

Eine ernste Gefahr liegt dann vor, wenn

- das Leben von Menschen bedroht wird oder schwerwiegende Gesundheitsbeeinträchtigungen zu befürchten sind
- die Gesundheit einer großen Zahl von Menschen beeinträchtigt oder
- die Umwelt in bestimmtem Ausmaß geschädigt werden kann.

Bei Berücksichtigung dieser Definitionen ist eine Anwendung des Risikographen nach DIN V 19250 mit den vorgenommenen Abstufungen zum Schadensausmaß (leichte Verletzungen bis sehr viele Tote), Aufenthaltsdauer (selten bis dauernd), Gefahrenabwendung (möglich, kaum möglich) sowie Eintrittswahrscheinlichkeit (sehr gering bis relativ hoch) nicht relevant. Es würde zum Widerspruch kommen. Weiterhin muß beachtet werden, daß es im Sinne dieser Verordnung erforderlich ist, die Anlage in ihrer Gesamtheit mit all den Wechselwirkungen zu betrachten und zu beurteilen. Eine Zergliederung in Teilkomponenten mit losgelöster Betrachtungsweise und anschließendem Zusammenfügen zum Gesamtsystem ist nicht zulässig.

9 Rechnergestützte Prozeßleitsysteme und Gefahrenpotential

Um trotzdem Vergleichbarkeit bezüglich der Sicherheit derartiger Anlagen herstellen zu können, sowie um die Einstufung von Anforderungen an Prozeßleitsysteme mit sicherheitstechnisch bedeutsamen Funktionen zu ermöglichen, sind nähere Untersuchungen zum Gefahrenpotential der Anlage erforderlich. Ein Vorschlag hierzu wird von Enteneuer u.a. (1991) unterbreitet.

Das von einer Anlage ausgehende Gefahrenpotential wird in einen stoffbezogenen und einen anlagenbezogenen Teil gegliedert, ohne daß dabei der Gesamtzusammenhang aus dem Auge verloren wird. Das stoffbezogene Gefahrenpotential findet seinen Ausdruck in den Stoffeigenschaften (z.B. giftig, sehr giftig, brandfördernd, brennbar usw.)

sowie der Menge der verwendeten Stoffe. Das anlagenbezogene Gefahrenpotential kann abgestuft werden in Abhängigkeit vom Umfang der Vorgänge und Aktivitäten, die zum Erreichen des sicheren Zustandes der Anlage erforderlich sind.

Grundsätzlich kann von der Überlegung ausgegangen werden, daß die Gefährdung, ausgehend von den Stoffen, durch eine sichere Handhabung beherrscht werden kann, d.h. es sind vorrangig besondere Forderungen an die Software zu stellen. Eine sichere Hardware sorgt dafür, daß die Anlage im Bedarfsfall zuverlässig in den sicheren Zustand gebracht werden kann. Selbstverständlich können diese beiden Seiten nicht losgelöst voneinander betrachtet werden. Ausgehend von diesen Vorstellungen kann man zu der in Abb. 7 gezeigten Einstufung von Anforderungen an Prozeßleitsysteme gelangen. Die Merkmale sind beispielhaft angegeben, eine Realisierung ist auch mit anderen gleichwertigen Mitteln denkbar.

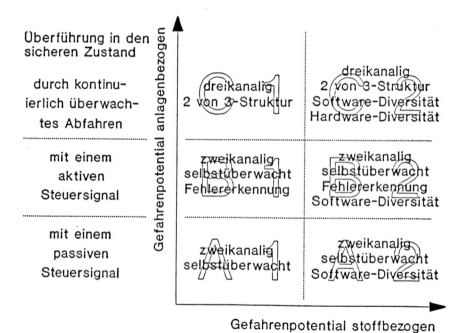

Abb. 7: Anforderungen an rechnergestützte Prozeßleitsysteme (Enteneuer u.a. 1991)

Wird der sichere Zustand der Anlage selbständig durch ein passives Signal erreicht, wenn also z.B. bei Energieausfall die Anlage selbständig in den eindeutig definierten Sicherheitszustand übergeht, ist eine zweikanalige Ausführung des Prozeßleitsystems ausreichend. Die Kanäle überwachen sich gegenseitig und beim Auftreten von Abweichungen wird sofort der sichere Zustand hergestellt. Liegt erhöhtes stoffbezogenes Gefahrenpotential vor, muß zusätzlich noch Software-Diversität gefordert werden.

Das Überführen der Anlage in den sicheren Zustand durch ein aktives Steuersignal setzt einen intakten Kanal des Prozeßleitsystems voraus. Aus diesem Grund wird für derartige Anlagen ebenfalls Zweikanaligkeit verlangt, wobei neben einer Überwachung der Kanäle zusätzlich noch erkannt werden muß, wo der Fehler liegt. Der fehlerhafte Kanal wird dann abgeschaltet und der sichere Zustand mit Hilfe des fehlerfreien Kanals erzeugt. Auch hier ist bei erhöhtem stoffbezogenen Gefahrenpotential zusätzlich Software-Diversität notwendig.

Kann der sichere Zustand nur über eine Abfahrprozedur erreicht werden, muß das Prozeßleitsystem dreikanalig ausgeführt sein. Bei Ausfall bzw. bei Fehlern in einem Kanal wird dieser ignoriert und die Anlage mit den beiden anderen Kanälen in den sicheren Zustand abgefahren. Es besteht somit z.B. die Möglichkeit, mit ausreichender Sicherheit die sich bei der eingeleiteten Abfahrprozedur ändernden Betriebsparameter zu überwachen und sich daraus ergebende Maßnahmen einzuleiten. Bei erhöhtem stofflichen Gefahrenpotential müssen die Kanäle mit unterschiedlicher Hard- sowie Software ausgestattet sein.

10 Schlußfolgerungen

Sicherheitstechnisch bedeutsame Funktionen können in rechnergestützen Prozeßleitsystemen realisiert werden, wenn durch geeignete Maßnahmen die gleiche oder höhere Sicherheit und Zuverlässigkeit wie mit konventionellen MSR-Leitsystemen erzielt wird. Hierzu ist ein geeigneter Nachweis zu erbringen (z.B. Gutachten einer autorisierten Institution). Die Qualität, die für die Lösung der jeweiligen sicherheitstechnischen Aufgabe gefordert werden muß, ist für die Dauer des Einsatzes zu garantieren. Prinzipielle Möglichkeiten zur Einstufung von Anforderungen an rechnergestützte Prozeßleitsysteme in Abhängigkeit vom Gefahrenpotential wurden dargestellt. Für die weitere Handhabung dieses Systems sind allerdings noch konkretisierende Arbeiten notwendig.

Literatur

Kreiss, K.-F. (1985): Fahrzeug- und Prozeßführung, kognitives Verhalten des Menschen und Entscheidungshilfen, Fachberichte MSR 11

DIN VDE 31000, Teil 2 (1987): Allgemeine Leitsätze für das sicherheitsgerechte Gestalten technischer Erzeugnisse, Begriffe der Sicherheitstechnik, Grundbegriffe, Dez.

DIN V 19250 (1989): Grundlegende Sicherheitsbetrachtungen für MSR-Schutzeinrichtungen, Jan.

VDI/VDE 2180, Blatt 3 (1984): Sicherung von Anlagen der Verfahrenstechnik mit Mitteln der Meß-, Steuerungs- und Regelungstechnik, Klassifizierung von Meß-, Steuerungs- und Regelungseinrichtungen, Dez.

Hölscher, H./Rader, L. (1984): Mikrocomputer in der Sicherheitstechnik, Eine Orientierungshilfe für Entwickler und Hersteller, Köln

DIN V VDE 0801 (1990): Grundsätze für Rechner in Systemen mit Sicherheitsaufgaben, Jan.

Enteneuer, U./von Borries, W./Wefers, H. (1991): Prozeßleitsysteme in sicherheitstechnisch bedeutsamen Funktionen, Aus der Tätigkeit der LIS Essen, Essen

Zwölfte Verordnung zur Durchführung des Bundes-Immissionsschutzgesetzes (Störfall-Verordnung) [12. BImSchV] 20. September 1991

Reinhard Lux
Berufsgenossenschaft der Feinmechanik und Elektrotechnik, Köln

Das Problem der europäischen Sicherheitsnormen und die zukünftige Rolle der Berufsgenossenschaften

Im folgenden möchte ich die Rolle der europäischen Arbeitssicherheitsnormen sowie die europäisch beeinflußten künftigen Aufgaben und Kompetenzen der gewerblichen Berufsgenossenschaften skizzieren. Mit einem Blick auf die sachlichen Schwerpunkte der hier dokumentierten Veranstaltung muß ich eingangs feststellen, daß die Auswirkungen der europäischen Arbeitssicherheitsnormen auf die Herstellung und Anwendung von Technologie sowie die rechtliche Verbindlichkeit dieser Normen sich unabhängig vom jeweiligen Normeninhalt darstellen. Ich werde nun kurz die europäisch bedingte neue Situation der Rechtsnormen und technischen Regelwerke im Arbeitsschutz vorstellen.

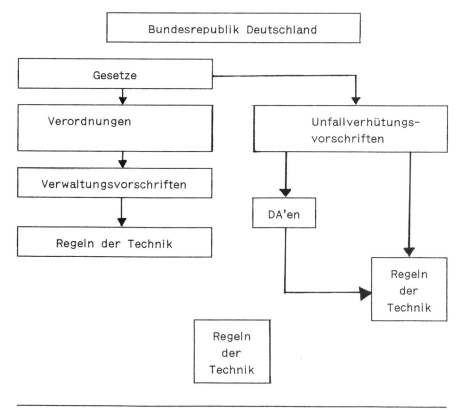

Abb. 1

An der derzeitig vorliegenden nationalen Situation rechtlicher Verbindlichkeiten verschiedener Rechtsnormen wird sich auch zukünftig, bedingt durch den europäischen Einigungsprozeß, nichts ändern. In der Hierarchie unserer Rechtsnormen rangieren die Gesetze an erster Stelle. Die in ihnen enthaltenen Verordnungsermächtigungen stellen die Rechtsgrundlage für die unterschiedlichsten und vielfältigsten Verordnungen dar, die einer arbeitstäglichen Berücksichtigung auch im Arbeitsschutz bedürfen. Gesetze und Verwaltungsvorschriften zeichnen sich in der Regel durch grundlegende sicherheits- und verhaltenstechnische Anforderungen aus und enthalten in vielen Fällen keine Detailanforderungen zur Ausführung und Anwendung von Technologie in der Praxis. Zur Ausführung der Verordnungen haben seit vielen Jahren die verschiedensten Verwaltungsvorschriften Einzug in die tägliche Arbeit von Aufsichtsbehörden und betrieblichen Sicherheitsfachkräften gefunden. Die nationalen Regeln der Technik - mit den DIN-Normen und VDE-Bestimmungen seien hier die zwei bekanntesten Gruppen aufgezeigt - besitzen grundsätzlich keine Rechtsverbindlichkeit in sich selber; sie werden von privatrechtlichen Normenorganisationen erarbeitet und verabschiedet.

Erwähnt werden sollen an dieser Stelle auch die Unfallverhütungsvorschriften, die ihre Rechtsgrundlage in der Reichsversicherungsordnung haben und für die jeweiligen Mitglieder und Versicherten einer Berufsgenossenschaft unmittelbar rechtlich verbindlich sind.

Zur Ausfüllung von grundlegenden Schutzzielanforderungen in Unfallverhütungsvorschriften erfolgen in vielen Fällen in den zugeordneten Durchführungsanweisungen Verweise auf die verschiedensten Regeln der Technik.

Fordert der jeweilige Normtext staatlicher Verordnungen oder Unfallverhütungsvorschriften die Einhaltung spezieller Regeln der Technik, werden diese in ihrer rechtlichen Verbindlichkeit aufgewertet. Der Anwender der Regeln der Technik ist in dieser Situation nicht ohne weiteres in der Lage, die in der Verordnung oder Unfallverhütungsvorschrift erhobene Grundsatzanforderung über die Anwendung anderer Technologien oder Verfahrensweisen sicherzustellen.

Die einheitliche europäische Akte von 1987 hat als Zeitpunkt für die Schaffung des europäischen Binnenmarktes den 1. Januar 1993 festgelegt. Bislang ist eine Vielzahl europäischer Richtlinien in Kraft gesetzt worden, so z.B. die Maschinenrichtlinie, die Bau-Produktenrichtlinie oder die Rahmenrichtlinie.

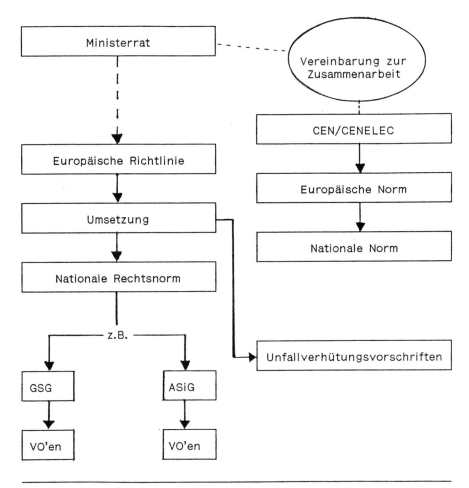

Abb. 2

Zwei Gruppen europäischer Richtlinien unterscheiden sich grundsätzlich:

- Richtlinien, die technische Anforderungen an Produkte erheben, auf Basis Artikel 100a EWGV.
- Richtlinien, die Anforderungen an die Verwendung technischer Produkte erheben, auf Basis Artikel 118a EWGV.

Europäische Richtlinien sind an die Mitgliedsstaaten adressiert. Natürliche oder juristische Personen der einzelnen Staaten sind nicht Adressaten der europäischen Richtlinien. Die Mitgliedstaaten haben sich in den europäischen Richtlinien verpflichtet, diese wort- und inhaltsgleich in ihr jeweiliges nationales Recht umzusetzen. In den einzelnen Richtlinien ist gleichzeitig der Zeitpunkt für die Umsetzung und der Zeitpunkt für die Anwendung der umgesetzten Richtlinie festgelegt. In der Bundesrepublik Deutschland sollen künftig die europäischen Produktrichtlinien über das Gerätesicherheitsgesetz und die europäischen Anwendungsrichtlinien über das Arbeitssicherheitsgesetz in nationales Recht umgesetzt werden.

Allgemein sind die europäischen Richtlinien dadurch gekennzeichnet, daß sie grundlegende sicherheits- und verhaltenstechnische Anforderungen erheben. Für eine Anwendung in der Praxis sind sie daher in unterschiedlichem Maße interpretierbar. Hier ist auch ein wesentlicher Unterschied zu den Unfallverhütungsvorschriften der Berufsgenossenschaft aufzuzeigen, die in Zusammenwirkung von Normtext und Durchführungsanweisungen praxisnah konzipiert sind. Die europäische Kommission hat daher die Existenz europäischer Normen als wesentliche Grundlage für die Anwendung der europäischen Richtlinien in der betrieblichen Praxis gesehen. Europäische Normen, die vom CEN und CENELEC erarbeitet werden, haben generell die grundlegenden Anforderungen der jeweiligen europäischen Richtlinien zu berücksichtigen. Die europäische Kommission unterstellt die EG-Richtlinienkonformität eines Produktes immer dann, wenn das Produkt entsprechend einer europäischen Norm hergestellt/geprüft wurde. Sie weist jedoch gleichzeitig darauf hin, daß die europäischen Arbeitssicherheitsnormen in sich selber keine Rechtsverbindlichkeit besitzen. Auch hier ist es den Herstellern einzelner Produkte freigestellt, beliebige technische Lösungen zu wählen, insofern hiermit die grundlegenden Sicherheitsanforderungen der europäischen Richtlinien erfüllt werden. Im Einzelfall gilt es jedoch, den Nachweis über eine derartige Konformität zu erbringen.

Es ist also festzustellen, daß ohne die Existenz europäischer Normen in einem europäischen Binnenmarkt die Herstellung von Produkten, deren Prüfung durch Prüfstellen, aber auch deren Prüfung durch nationale Aufsichtsbehörden, also durch die Berufsgenossenschaften und die Gewerbeaufsichtsbehörden, schwierig ist.

Nicht für alle bislang im nationalen Bereich durch technische Regeln erfaßte Sachgebiete liegen bislang europäische Normen vor. In einer nicht genau abzusteckenden zeitlichen Übergangsphase wird es daher auch weiterhin erforderlich sein, nationale Normen zur Interpretation europäischer Richtlinien auszufüllen.

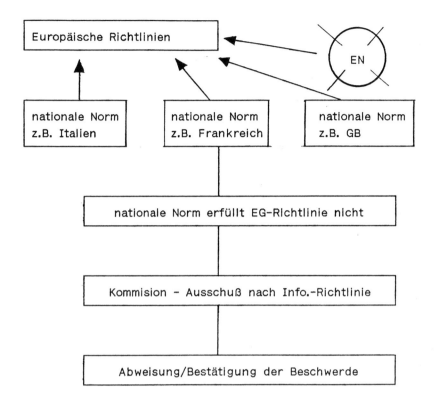

Abb. 3

Es ist also abschließend festzustellen, daß zur reibungslosen Kommunikation über sicherheits- und verhaltenstechnische Anforderungen und zum problemlosen Nachweis der Ausfüllung von EG-Richtlinien die Existenz von europäischen Arbeitssicherheitsnormen erforderlich ist.

Die Berufsgenossenschaften haben sich in der Bundesrepublik Deutschland – historisch bedingt – immer als Rechtsnorm-Setzer *und* Berater und Überwachungsinstanz auf dem Gebiet des Arbeitsschutzes gesehen. Diese Situation wird sich auch zukünftig, bedingt durch den europäischen Einfluß, nicht grundlegend ändern. Zwar besitzen künftig die Berufsgenossenschaften keinen Spielraum mehr im Hinblick einer Festsetzung sicherheitstechnischer Anforderungen an technische Arbeitsmittel; diese Situation ist jedoch bei den staatlichen Rechtsnormen mit sicherheitstechnischem Inhalt keine andere. Das jeweilige

Niveau der europäischen Richtlinien muß inhaltsgleich in Gesetze, Verordnungen und Unfallverhütungsvorschriften übernommen werden.

Ungeachtet dieser Situation werden die Berufsgenossenschaften auch künftig Unfallverhütungsvorschriften erlassen. Hier gilt es insbesondere im Hinblick auf die grundlegenden Anforderungen der EG-Richtlinien mit Hinweisen auf nationale und europäische Normen eine klare sicherheits- und verhaltenstechnische Richtung für den Unternehmer und die Versicherten aufzuzeigen.

Die europäischen Richtlinien, basierend auf Artikel 118a EWGV, stellen in ihren Inhalten Mindestanforderungen dar. Hier, bei den Anwendungsanforderungen, sind die Berufsgenossenschaften auch zukünftig berechtigt, das in ihren Augen verhaltenstechnische Niveau der Unfallverhütungsvorschriften im jeweiligen Abschnitt "Betrieb" zu manifestieren.

Insbesondere ihre beratende Funktion werden die gewerblichen Berufsgenossenschaften in den nächsten Jahren verstärken. Mit staatlichen und satzungsrechtlichen Rechtsnormen, die auf den grundlegenden und wenig spezifizierenden Anforderungen von EG-Richtlinien basieren, ist es zukünftig noch wichtiger, Hersteller und Betreiber technischer Arbeitsmittel auf die jeweiligen relevanten, europäisch harmonisierten Arbeitssicherheitsnormen hinzuweisen.

Hans-Jürgen Weißbach
IuK - Institut für sozialwissenschaftliche Technikforschung, Dortmund

Risikokommunikation und Risikoprävention

Der amerikanische Sprachwissenschaftler Benjamin Whorf war zugleich Feuerversicherungsingenieur. Ihm fiel während seiner Tätigkeit als Brandgutachter auf, daß sich Personen in der Nähe voller Benzinfässer durchaus sehr vorsichtig verhielten, während sie in der Nähe leerer Benzinfässer Zigarettenstummel wegwarfen. Wenn man im Englischen sagt, ein Benzinfaß sei leer, "void", hat das zugleich den Beiklang von nichtig oder bedeutungslos. Physikalisch ist die Situation aber voller Gefahr, weil die scheinbar leeren Fässer gefährliche Benzindämpfe enthalten. Wenn in einer Whiskeybrennerei der Kalkstein brennt, der den Destillierkolben isoliert, ist der Bediener zunächst fassungslos, weil "Stein" ja nicht brennen kann. Nur der Chemiker weiß, daß der Kalkstein durch jahrelange Tränkung mit Aceton chemisch vollständig verwandelt wurde (vgl. Whorf 1963).

Ein weiteres Beispiel aus unserer Untersuchung: Nach Aussagen der Chemiker in einer Raffinerie war ein Gas nach der Gaswäsche "trocken". Nun setzten sich über Jahre hinweg mikrogrammweise Wasserspuren in einem toten Rohrende ab, bis dieses bei Frost platzte. Es kam zu einer Gasexplosion und damit zu einem der größten Unfälle in der Geschichte der deutschen Raffinerien mit einem Schaden von über 100 Mio. DM. Das Beispiel zeigt, daß Trockenheit für den Chemiker stets ein relativer Begriff ist, nicht aber z.B. für den Rohrschlosser, der angesichts dieser Aussage kein Kondenswasser in der Gasleitung erwartet. Und es zeigt, daß chemische, physikalische oder technische Signale von Angehörigen unterschiedlicher Professionen ganz unterschiedlich verstanden und gewertet werden.

Derartige Beispiele lassen sich nicht nur beim Umgang mit Gefahrstoffen finden. Generell erfolgt die Bewertung des Risikos einer bestimmten Technik immer in Kommunikations- und Interaktionsprozessen, die durch gewachsene, innerhalb der professionellen Strukturen traditierte Bedeutungen gekennzeichnet sind. Je mehr unterschiedliche Fachrichtungen beim Entwurf, Aufbau und Betrieb von komplexen Systemen zusammenwirken, desto größer werden die Übersetzungsprobleme zwischen verschiedenen Fachcodes oder zwischen den Fachcodes und der von allen Akteuren geteilten Alltagssprache wachsen damit die Kommunikationsprobleme und Konflikte zwischen ihren Trägern, man könnte auch sagen: zwischen verschiedenen Technikfeldkulturen. Im Falle des hier untersuchten Themas heißt das: Die Existenz verschiedener Sicherheitskulturen fördert nicht nur die Entstehung unterschiedlicher, dabei hochselektiver Risikodefinitionen, sondern beschränkt auch die Chancen einer kommunikativen Lösung von Sicherheitsproblemen.

Ist also Luhmanns pessimistische Diagnose zutreffend, die davon ausgeht, daß wir alle in selbstreferentiellen Systemen kommunizieren, die sich ständig weiter ausdifferenzieren und sich nur mit ihrem eigenen Code beschäftigen? Müßte nicht eine Risikopräventionsstrategie die durch Abschottung von Systemen bedingten Kommunikationsrisiken zu verringern suchen, indem sie z.B. nicht zuerst auf weitere Vertiefung der fachlichen Spezialisierung und auf weiteren Ausbau der fachspezifischen Normensysteme setzt? Während z.B. Schliephacke in seinem neuesten Lehrbuch des Sicherheitsmanagements (1992: 59) noch fordert, daß man über klare Trennung der Verantwortung - d.h. über Differenzierungsstrategien - die Arbeitssicherheit und damit übrigens auch den Schutz der Führungskräfte vor rechtlichen Konsequenzen am besten fördert, wird die Bedeutung der Kommunikation zwischen verschiedenen Fachrichtungen und die der Übersetzung zwischen verschiedenen Fachsprachen für die Risikoprävention eigentümlich vernachlässigt. Auch Luhmann widmet in seinem bekannten Buch über die Soziologie des Risikos (1991) dem Phänomen, daß es sich bei Risikodefinitionen um soziale Zuschreibungsprozesse handelt, breiten Raum, sieht jedoch den Weg für kommunikative Lösungsmöglichkeiten weitgehend versperrt. Dabei zeigen nicht nur die eingangs angeführten "klassischen" Beispiele, sondern auch empirische Untersuchungsbefunde, daß die Beherrschbarkeit komplexer Systeme immer mehr ein Kommunikations- und nicht nur ein Normierungs- oder organisatorisches Durchsetzungsproblem von Normen ist.

Sicherheitsbezogene Kommunikation über die Grenzen der Technikfeldkulturen hinweg statt Ausdifferenzierung der Regulierungssysteme und blinder Normenbefolgung in jedem Normensegment - das klingt "sozialverträglich", aber handelt es sich dabei um eine gangbare Strategie? Erhöhen wir durch ein Mehr an Kommunikation, die ja noch weniger Eindeutigkeit schafft und durchaus von Gefahrenquellen ablenken kann, sogar die Risiken, die wir aufgrund der langen Erfahrungen mit dem deutschen normenbasierten System der Arbeitssicherheit einigermaßen im Griff zu haben hoffen? Ist es nicht eine Illusion, angesichts der bestehenden Kommunikationsflut im Unternehmen und ökonomischer Imperative, an denen sich die Notwendigkeit von Kommunikation messen muß, ständig weitere interne und externe Kommunikationskanäle eigens für sicherheitsbezogene

Fragestellungen zu öffnen? Reicht es nicht aus, mit Schliephacke festzustellen: Wenn "im Unternehmen die Mindestanforderungen an die Organisations- und Aufsichtspflichten erfüllt (sind), liegt die Schlußfolgerung nahe, daß die Ursache für den Schadensfall nicht in der Chefetage zu suchen ist" (1992: 59)?

Um die Bedeutung der präventiven Funktion und die Erfolgschancen von Risikokommunikation aufzuzeigen, sollen hier einige Überlegungen aus dem anwendungsbezogenen Grundlagenforschungsprojekt über "Sicherheit vernetzter informationstechnologischer Systeme" dargestellt werden.[1] Dieses Projekt hatte zum Ziel, neuartige Risikokonstellationen in der computerintegrierten und vernetzten Fertigung und mögliche neue Wege der Prävention aufzuzeigen. Ausgangspunkte waren zum einen die Kritik an einer rein ingenieurwissenschaftlich orientierten Sicherheitsforschung (vgl. Florian 1990), zum anderen an der sog. kognitivistischen, d.h. nur auf Gefahrenerkenntnis und nicht auf kommunikative und soziale Aspekte bezogenen Analyse von Wahrnehmungs- und Handlungsfehlern. Deren Bedeutung für die Risikoprävention erschien uns aus vier Gründen zweifelhaft:

1. Die ingenieurwissenschaftliche Sicherheitsforschung vernachlässigt, daß sich komplexe Systeme nicht prognostizieren lassen, daß sie vielmehr beobachtet werden müssen. Diese Regel gilt auf jeder Stufe der Implementierung eines Systems vom Prototypen im Labor bis hin zu seinen großindustriellen Anwendungen. Je komplexer ein System und seine Umwelt, desto länger muß es beobachtet werden, bevor sich Aussagen über seine Risikoeigenschaften treffen lassen. Dasselbe gilt für die Formen des Umgangs der Benutzer mit dem System; sie sind kaum vorhersehbar und vorhersagbar. Auch sind z.B. Umweltbedingungen, die auf einen Prototypen im Labor einwirken, in der Regel nicht dieselben, die später in der Fertigung wirksam werden.

2. Die Ergebnisse der immer weiter verfeinerten technischen und psychologischen Sicherheitsforschung sind nur noch schwer in das etablierte, hoch routinisierte und arbeitsteilige System des betrieblichen und überbetrieblichen Arbeitsschutzes einzubeziehen. Insbesondere allgemein formulierte Regeln sind angesichts komplexer, "anlagenindividuell" ausgeprägter Technologien nur mit großen Schwierigkeiten lokal umzusetzen. So zeichnet sich (wenngleich auf recht hohem Niveau der Arbeitssicherheit, vor allem in Großbetrieben)

---

[1] "Sicherheit vernetzter informationstechnologischer Systeme", Projektträger Arbeit und Technik, Förderkennzeichen 01HG0103. Vgl. H.-J. Weißbach/A. Poy (Hg.) 1993.

ein sinkender Grenznutzen klassischer Arbeitssicherheitsstrategien und ein Leerlaufen der dahinterstehenden Normensysteme und Regulative ab, die mit zunehmender Komplexität der neuen Technologien offenbar immer mehr der Selbstberuhigung dienen.

3. Besonders die arbeits- und ingenieurpsychologische Handlungsfehlerforschung bezieht sich weitgehend auf die ausführenden, die sog. operativen Tätigkeiten - und das zudem in enger Fixierung auf behavioristische und informationstheoretische Ansätze; d.h. sie erfassen das Verhalten an der Benutzerschnittstelle weder a) als Umgang mit kulturell definierten und kulturell bedeutsamen Symbolen, noch lassen sie sich b) auf das Verhalten der planenden und technikimplementierenden Akteure und auf das Risikomanagement beziehen, deren Handeln durch die Einbindung in eine Technikfeldkultur gefiltert und gestützt wird. Kommunikation und Kooperation zwischen den verschiedenen betrieblichen und außerbetrieblichen Akteuren der Technikentwicklung wie -implementation wurden bisher nur ansatzweise erforscht, obwohl sich vor allem in diesen Bereichen - so unsere These - potentielle Sicherheitsgewinne erzielen ließen. So handelt es sich bei Begutachtungsprozeduren, denen sich Hersteller in sicherheitskritschen Anwendungsbereichen unterziehen müssen, zunächst nur um neue kulturelle Formen des Umgangs mit *Papier*, nicht mit komplexen Realitäten. Die Kommunikation mit Zulassungs- und Aufsichtsbehörden ist immer "papierorientiert" (Manning 1992: 104). Die Eignung der Regelwerke steht außerdem nicht von vornherein - und schon gar nicht zweifelsfrei - fest. Im Extremfall werden die Normen sogar am "grünen Tisch" - ohne jede vorherige Anwendungserfahrung - entwickelt.

4. Speziell die normenorientierten Vermittlungsformen von Sicherheitswissen versagen unter den Bedingungen immer komplexerer Produktionssysteme. Unsere zentrale Projektthese ist, daß es nicht darum gehen kann, die "normale" Kommunikation noch einmal - durch ein zusätzliches Netz sicherheitsbezogener Kommunikation - aufzublähen, sondern daß sicherheitsbezogene Kommunikation auf existierende intra- und interorganisatorische Kommunikationsströme "aufsatteln" muß, um langfristig erfolgreich sein zu können. Diese Anforderungen muß sich auch in Forschungsansätzen widerspiegeln, die nicht nur immer neue Normenfluten produzieren können.

Angesichts sich vielfach kreuzender, immer komplexerer Kommunikationsströme im Unternehmen kann der institutionelle Arbeitsschutz nicht mehr davon ausgehen, daß ihm künftig weitere privilegierte

Kommunikationskanäle zugewiesen werden. Man denke etwa an die turnusmäßigen Pflichtbelehrungen, die eine privilegierte Stellung im Arsenal des Arbeitsschutzes einnehmen, deren Effekt aber äußerst ungewiß, ja vielleicht kontraproduktiv ist.

Einerseits muß arbeitsschutz- bzw. präventionsbezogene Kommunikation also in die betrieblichen "Normalabläufe" integriert werden, um trotz Kosten- und Zeitzwängen noch Aufmerksamkeit zu erlangen; andererseits müssen Überdifferenzierungen des Arbeitsschutzes zurückgenommen werden, um zersplitterte Kommunikationsstränge wieder integrieren zu können. Ein *lean management* des Arbeitsschutzes erscheint dringend geboten.[2]

Die Integration der sicherheitsbezogenen Kommunikation in betriebliche und zwischenorganisatorische "Normalabläufe" scheint in diesem Sinne zugleich eine Voraussetzung für eine vorsichtige Deregulierung (im Sinne einer erfolgreichen Begrenzung der Normeninflation, Intransparenz und steigenden Komplexität von arbeitsschutzbezogenen Normensystemen) zu sein. Sie ist aber vor allem ein Erfordernis fortschreitender Informatisierung und Vernetzung der Produktion, die zu Systembildungen führt, welche nicht mehr strikt arbeitsteilig aus der Perspektive einer einzelnen Profession beobachtet und nach einem Checklistenmodell punktuell kontrolliert werden können. Beobachtung komplexer Systeme unter Sicherheitsaspekten ist offenkundig nur sinnvoll a) in einer Langzeitperspektive und b) in einer interdisziplinären oder "interkulturellen" Perspektive. Auch das spricht für die Rückverlagerung der Arbeitssicherheitsdiskurse in die betriebliche, aber auch zwischenbetriebliche "Normalkommunikation".

Der zwischenbetrieblichen Kommunikation kommt dabei ein besonderer Stellenwert für die sicherheitsbezogene Gestaltung zu (vgl. den Beitrag von Möll in diesem Band). In dem Maße, in dem Unternehmen

---

[2] So wird z.B. in den verbleibenden Großunternehmen der neuen Bundesländer ein gewisser Zwang zur Integration des Arbeitsschutzes mit den Abteilungen für Emissions- und Umweltschutz oder mit den technischen Sicherheitsabteilungen deutlich, und zwar vor allem als Folge des schnellen Schrumpfens der Organisationsgröße bei gleichzeitiger Überflutung mit neuen Normen. Grenzen der Integration des Arbeitsschutzes in die betrieblichen Produktionsabläufe sind allerdings dann erreicht, wenn dadurch die Kontrolle der Produktionsabteilungen durch relativ unabhängige Stabsstellen der Arbeitssicherheit nicht mehr gewährleistet ist, oder wenn damit eine Personalausdünnung in einem Ausmaß verbunden ist, das die Erfüllung von sicherheitsrelevanten Aufgaben in Frage stellt.

betriebsindividuell gestaltete, "maßgeschneiderte" Anlagen durch "konfigurierte" Standardkomponenten ersetzen, in dem sich also die Entwicklungs- und Nutzungszusammenhänge komplexer Technologien immer weiter voneinander entfernen[3], werden aus betriebsnahen Gestaltungsentscheidungen Kaufentscheidungen auf höherer Ebene. Die auf diesen Ebenen geführten Verhandlungen im Vorfeld von Käufen haben gravierende Gestaltungs- (bzw. gestaltungsverhindernde) Implikationen.

Voraussetzung für die Möglichkeit des "Aufsattelns" auf existierende Kommunikationsstränge, die sich natürlich ebenso durch gewisse Blindheiten auszeichnen wie die traditionelle arbeitschutzbezogene Kommuniktion (vgl. Peter/Pröll 1990), ist also eine genaue Bestimmung der Orte potentiell sicherheitsrelevanter Kommunikationen, der Wissensbestände der Kommunikationspartner und ihrer Grenzen sowie der systematischen Kommunikationsbarrieren und -hemmnisse.

Grundsätzlich ist die sicherheitsbezogene Kommunikation - auch wenn sie auf normale Themen "aufsattelt" - aktiv zu gestalten. Über die Gestaltungsbedürftigkeit der Sicherheitskommunikation sagen die existierenden Regel- und Normenwerke allerdings sehr wenig aus. Welcher Typ von Belehrung z.B. funktional oder dysfunktional ist, ob z.B. die übliche Belehrung überhaupt ein probates Mittel zur Reduzierung von Risiken ist, und wenn ja, in welcher Form sie zu erfolgen hat, darüber gibt es kaum empirische Forschungsergebnisse.

Ausgehend von dieser Problembeschreibung haben wir in 13 CIM-Betrieben (und vergleichend in drei Betrieben, die Prozeßtechnik anwenden) Beobachtungen vorgenommen, dabei aufgetretene oder berichtete kritische Situationen oder riskante Ereignisse, die im Zusammenhang mit informatisierten und vernetzten Produktionsprozessen standen, analysiert (n = 23) und die getroffenen Sicherheitsmaßnahmen und laufende Risikodiskurse - soweit vorhanden - untersucht. Ein Ergebnis war eine nicht primär technische oder psychologische, auch nicht arbeitswissenschaftliche, sondern soziologisch-systemtheoretisch inspirierte Risikotypologie. Diese orientiert sich

---

[3] Das institutionelle Auseinandertreten von Entwicklungs- und Nutzungszusammenhängen komplexer Technologien stellt die in letzter Zeit vielfach beschriebene (Seitz 1993) Wirkung rekursiver Technikentwicklungs- und Gestaltungsstrategien ernsthaft in Frage. Das Rekursionsmodell scheint in empirischer Hinsicht vor allem zur Beschreibung der inkrementalen Verbesserungs- und Anpassungsprozesse von Systemen geeignet zu sein, nicht jedoch zur Beschreibung der Abläufe bei tiefgreifenden Innovationen.

zunächst nicht an den gängigen Abgrenzungen zwischen technischem und menschlichem Versagen, sondern rückt die Formen der Verletzlichkeit des technisch-organisatorischen Systems ins Zentrum der Betrachtung.

Die folgenden, dabei gewonnenen (allerdings nicht völlig trennscharfen) Risikoklassen sind - neben Risiken des Verschleißes und der Zuverlässigkeit der Hardware sowie neben der absichtlichen Manipulation oder gar Sabotage, die wir im weiteren außer acht lassen - im Hinblick auf Präventionsziele als "informatisierungs-" und "vernetzungstypisch" zu identifizieren bzw. abzugrenzen:

Planungs- und Implementationsrisiken
Sie resultieren u.a. aus unzureichenden Planungen, Pflichtenheften und Systemspezifikationen und -konfigurationen, aus fehlerhaften oder inkompatiblen Softwarekomponenten oder aus einer unzureichenden Beobachtung des Systemverhaltens in der Einführungsphase usw. Teils werden diese Risiken erst zu Beginn des Normalbetriebs aufgedeckt, teils noch später.

Kontextualisierungsrisiken
Hierzu zählen die Risiken, die durch den Anforderungswechsel an ein System bzw. durch die Portierung eines Systems in einen anderen Kontext (sei es ein Set von physikalischen Parametern oder ein Set von organisatorischen *constraints*) erwachsen. Speziell zu erwähnen sind hier Modellierungsrisiken, die durch die Wahl von in bestimmten Kontexten ungeeigneten Modellen entstehen, sowie falsche Parametrierungen; ferner Applikationsrisiken von generellen Regeln auf lokale Situationen (Wynne 1988). - Die Abgrenzung von Planungs- bzw. Implementationsrisiken einerseits, Kontextualisierungsrisiken andererseits ist nicht immer einfach. Beide Kategorien zeichnen insgesamt wohl für mindestens 60 % der von uns angetroffenen Havarien, gefährlichen Situationen, Systemzusammenbrüche usw. verantwortlich.[4] Während aber die spezifischen Implementationsrisiken mit wachsender Erfahrung der Anwender und Hersteller mit den Produkten der Informationstechnik möglicherweise künftig an Bedeutung verlieren, dürfte das Problem der Kontextualisierungsrisiken mit steigendem Anteil an fertig konfektionierter Software und konfektionierten Anlagen sogar zunehmen.

---

[4] Unter diesen Ereignissen trat übrigens kein einziger Personenschaden auf. Der bei weitem folgenschwerste beobachtete Zwischenfall war die komplette Stillegung eines CIM-Betriebs für mehrere Tage.

Initiierungsrisiken
Es handelt sich dabei um Risiken beim Übergang in andere Steuerungsmodi oder bei der Eingabe bzw. der Aktivierung von Steuerungsdaten und -programmen, etwa beim Neueinrichten, An- und Abfahren von Maschinen, bei Eingriffen in den automatischen Betrieb oder beim Übergang in den manuellen Notfallbetrieb. Häufig sind diese Risiken auch verursacht durch zu "hart" ausgelegte An- und Abschaltmechanismen, durch stochastische oder nichtlineare Prozesse, unzureichende Routine und Qualifikationen beim Auffangen riskanter Situationen, aber auch durch "riskante Fahrstile" oder das fahrlässige Abschalten von Sicherheitsmechanismen. Dabei handelt es sich nicht immer um primäre Risiken: Natürlich stehen Initiierungsrisiken oft in Zusammenhang mit Planungs- oder Kontextualisierungsmängeln; oder es handelt sich um Folgefehler aufgrund des Zusammenwirkens von Fehlbedienungen mit seltenen Ereignissen, stochastischen Prozessen oder mangelnder Robustheit des Systems ein. Zu den Initiierungsrisiken zählen wir z.B. auch Risiken der mangelnden Fehlertoleranz gegenüber Fehleingaben und unzulässigen Steuerungseingriffen.[5] Wir halten es aus pragmatischen Gründen für sinnvoll, diese Risikoklasse gesondert auszuweisen, da es sich um einen relativ weit verbreiteten Typ handelt, der nur in spezifischen Situationen auftritt und daher organisatorischen Präventionsmaßnahmen grundsätzlich zugänglich ist, dessen Auftreten aber nicht ohne weiteres schon während der Planungs- und Implementationsphase vorhersehbar und mit technischen Mitteln ausschaltbar ist. Wir schätzen, daß 25 % der uns berichteten bzw. von uns beobachteten gefährlichen Situationen dieser Risikoklasse zuzuordnen sind.

Verifizierungsrisiken
Sie sind (zumindest in CIM-Strukturen, anders als in der Prozeßtechnik) seltener als die zuvor genannten Risikoklassen anzutreffen, gewinnen aber tendenziell an Bedeutung - eine Folge zunehmend indirekter Prozeßkontrolle und wachsender Entfernung der Bediener bzw. Kontrolleure vom Prozeß. Der Begriff bezieht sich auf unzureichende, falsche oder in einem falschen Kontext interpretierte Rückmeldungen des Systems, irrtümliche Konsense über Systemzustände, ferner auf Transparenzrisiken überkomplexer Systeme. Begünstigt werden diese Risiken durch räumliche Trennung der Bedienungs- und Überwachungsmannschaft vom Prozeß und durch Überzentralisierung der

---

[5] Durch fehlerhafte Gestaltung der Benutzerschnittstellen geförderte Initiierungsrisiken müssen unter den Rubriken "Planungs-, Implementierungs- und Kontextualisierungsrisiken" verbucht werden. Doch nicht immer ist *a priori* absehbar, was eine für den Risikofall angemessene oder gar "richtige" Gestaltung darstellt.

Kontrollfunktionen sowie durch die Zusammenfassung vieler intransparenter Mikroentscheidungen durch ein System, die zu nicht mehr durchschaubaren, nur scheinbar sicheren bzw. interpretierbaren Gesamtentscheidungen und -aussagen führt. Für die Abgrenzung gegenüber Kontextualisierungsrisiken ist die "Blickrichtung" entscheidend: Kontextualisierungsrisiken beziehen sich auf die äußeren Bedingungen des Einsatzes eines als *black box* verstandenen gegebenen Systems oder einer Komponente - Verifizierungsrisiken treten auf, wenn der innere Zustand des Systems diagnostiziert werden muß. - Etwa 10 % der von uns beobachteten riskanten Situationen sind letzterem Risikotyp zuzuordnen.

Interferenzrisiken
Diese treten in der Produktion selten, in hochdynamischen Systemen hingegen häufiger auf. Perrow (1987) hat sie (vielleicht unzulässig generalisierend) als typisch für komplexe Systeme überhaupt beschrieben. Wir könnten in diesem Sinne auch von "Risiken ungeplanter Engkopplung" sprechen. Sie entstehen in ungeplanten, störenden Interaktionen zwischen Systemen, Komponenten oder zwischen System und Umwelt. Knapp 5 % (nur ein Ereignis) waren diesem Typ zuzuordnen; dieses war jedoch außerordentlich folgenreich. Für hochdynamische Systeme kann man die Prognose wagen, daß dieser Risikotyp (wie auch der folgende) in Zukunft stark an Bedeutung zunehmen wird.

Akkumulationsrisiken
Sie resultieren aus der Addition von Kleinstfehlern im System, die zur "Aufschaukelung" von Prozessen oder zum allmählichen Verlassen von Toleranzbereichen führt. Die Abgrenzung gegenüber Verifizierungsrisiken ist nicht immer eindeutig. Diesem Risikotyp waren ebenfalls nur knapp 5 % der kritischen Ereignisse zuzuordnen.

Konvergenz- und Stabilitätsrisiken
Mit der Annäherung von CIM-Strukturen an die Prozeßtechnik (z.B. mit der Einführung neuronaler Netze zur Steuerung dynamischer mehrdimensionaler Systeme - etwa Bewegtbilderkennung bei Robotereinsatz) erwarten wir das vermehrte Auftreten eines neuen Risikotyps, wie er bisher nur aus Prozeßindustrien bekannt ist, aber von uns noch nicht beobachtet werden konnte. "Konvergenz" bezieht sich darauf, daß Prozesse überhaupt eine "Lösung" bzw. ein "Optimum" finden, "Stabilität" darauf, daß diese Lösung stabil ist und nicht im Prozeßverlauf immer wieder schwankt.

Beachtet werden muß, daß die meisten der hier benannten Risiken in ähnlicher Form auch im Umgang mit konventionellen Technologien bestehen. So können Akkumulations-, Verifizierungs- usw. -risiken auch im konventionellen Bereich einer CNC-Maschine auftreten, was im Rahmen unserer Projektfragestellung jedoch zu vernachlässigen war.

Der aufmerksame Leser wird einen Risikotyp vermissen: den der sog. "Engkopplungsrisiken" i.S. Perrows (1987). Diese rechnen wir, soweit sie vorhersehbar oder sogar bewußt in Kauf genommen und damit vermeidbar sind, zu den Planungs- und Implementationsrisiken, und soweit sie aus eher zufälligen Einwirkungen resultieren, zu den Interferenzrisiken. Generell können durch Engkopplung aus allen hier diskutierten Risiken gravierende Folgerisiken und potenzierte Folgeschäden erwachsen – jedoch ist auch hier zwischen informationstechnisch vermittelter oder systematisch hergestellter (z.B. über Vernetzung) und konventioneller Engkopplung (z.B. infolge räumlicher Nähe) zu unterscheiden.

Die sechs von uns analysierten Risikoklassen sind - wie schon erwähnt - nicht eindeutig jeweils technischen oder menschlichen Verursachungsmechanismen zuzurechnen. Daß die auf Fachwissen und Organisations- und kulturelle Erfahrung gestützten präventiven Handlungsmöglichkeiten, aber auch die *ex-post*-Lernchancen im Umgang mit den Risiken in der Reihenfolge ihrer Nennung abnehmen, ist anscheinend sowohl eine Folge der sinkenden Häufigkeit ihres Auftretens als auch der steigenden Komplexität ihrer Verursachung – eine Art Skala, die wir der Anordnung explizit zugrundegelegt haben. Interferenzrisiken z.B. treten in einer spezifischen Form meist nur einmal auf, werden dann erkannt und abgestellt, sind dafür aber generell kaum vorhersehbar. So bleibt nur der Ausweg teurer Abschirmstrategien als Präventionsmaßnahme. Umgekehrt sind im Umgang mit den oben zuerst genannten, weitaus häufiger auftretenden Risiken im Zeitablauf der Einführung komplexer Systeme gute Präventions- und Lernchancen gegeben, ohne daß vorher notwendig schon extrem kritische Ereignisse eintreten müssen; d.h. die Chancen, diese "kulturell einzuholen" wenn nicht gar zu antizipieren, sind durchaus gegeben.[6]

---

[6] Solche Prozesse des kulturellen Einholens von technischen Risiken können durchaus mehrere Generationen dauern. Das zeigt das Beispiel des Dampfkesselbaus von 1800 bis 1900. Fortschritte in der Beherrschung der Technologie wurden dabei durchaus nicht immer in Sicherheitsgewinne umgesetzt, sondern eröffneten Spielraum für weitere Experimente zur Leistungssteigerung der Technik (durch Erhöhung des Dampfdrucks usw.).

In welchen Feldern kann nun das "Aufsatteln" sicherheitsbezogener Kommunikation auf die laufenden Technikplanungs-, Implementations- und Sicherheitsdiskurse und damit ein inner-, aber auch interorganisatorisches Lernen am ehesten gelingen? Jeder der Risikoklassen können wir bestimmte Schnittstellenprobleme auf den technisch-organisatorischen Systemebenen zuordnen. Bei den Implementationsrisiken geht es z.B. um die Kompatibilität von Normen und Standards sowie von Komponenten und Verfahren. Bei den Initiierungsrisiken liegen die Probleme an der Benutzerschnittstelle und bei deren Gestaltung vor. Ähnliches gilt auch für die Verifizierungsrisiken, die entstehen, wenn sich der Informationsfluß an Schnittstellen zwischen Systemen oder zwischen hierarchischen Organisationsebenen gestaltet. Interferenzrisiken werden u.a. durch Datenübergänge zwischen zunehmend offenen, heterogenen Netzen verursacht.

So wissen wir z.B. aus Untersuchungen der Bundesanstalt für Arbeitsschutz, daß Sicherheitsanforderungen und Gefahrenklasseneinteilungen, die für bestimmte elektronische, hydraulische, pneumatische usw. Bauteile gelten, nicht widerspruchsfrei im Verhältnis "eins zu eins" in die jeweils anderen Fachsprachen zu übersetzen sind. Ersetzt man eine hydraulische durch eine elektronische Schaltung, kann man also aus den Sicherheitsanforderungen, die an die Hydraulik gestellt waren, nicht ohne weiteres die an die Elektronik zu stellenden Anforderungen ableiten. Elektroniker und Hydrauliker müssen also gemeinsam beobachten und in einen Diskurs treten, der nicht durch Rückgriff auf Normen entschieden werden kann. Ebensowenig sind die externen physischen oder organisatorischen *constraints*, die bei der lokalen Applikation einer Technologie berücksichtigt werden müssen, in der Beobachtungssprache der jeweils federführenden technischen Disziplin allein zu beschreiben.

Die Gestaltung der technisch-organisatorischen Schnittstellen verweist also stets auf mehr oder weniger geglückte Diskurse zwischen verschiedenen Fachrichtungen auf der sozialen oder kommunikativen Problemlösungsebene. Diese Diskurse können vorgängig (Planungsdiskurse) oder nachgängig (Problemlösungs-, Fehlerbeseitigungsdiskurse) sein. Um ein komplexes System zu beobachten, muß man sich in jedem Fall darauf einigen, welches die wichtigsten Beobachtungsgrößen sind, in welchen Fachsprachen die Beobachtung erfolgen soll, welche Randbedingungen man in die Betrachtung einbezieht usw. Informatiker werden dabei andere Aspekte des Systemverhaltens beschreiben als etwa Verfahrenstechniker oder Maschinenbauer. Dabei zeichnet sich z.B. die Perspektive der Informatiker durch Vernachlässigung der materiell-energetischen Umwelt aus.

Risikotyp	ex-ante-Beein-flußbarkeit	Lokalisierung der Risiken an Systemschnittstellen
Planungs- und Implementationsrisiken	++	zwischen Anlagen und Anlagenteilen, Mechanik/Elektronik, Technologien unterschiedl. Hersteller
Kontextualisierungsrisiken	+	System/Umwelt, Hardware/Software
Initiierungsrisiken	+	Mensch/System, System/Umwelt
Verifizierungsrisiken	-	Mensch/System
Interferenzrisiken	--	zwischen Komponenten, Komponente/Umwelt
Akkumulationsrisiken	--	zwischen Komponenten

Abb. 1: Risikotypen nach Art und Grad ihrer ex-ante-Beeinflußbarkeit

Ein Beispiel: Daß Gußstaub für die in der Fertigung stationierten PCs Probleme bereitet, ist Informatikern und Elektrotechnikern heute geläufig. Daß elektrisch aufgeladener Nähstaub in der Bekleidungsindustrie zu Totalausfällen des Rechners führen kann und daß solche auch von Magnetfeldern der Elektromotoren der Nähmaschinen herrühren können, war vorher weder den Installateuren des Rechners noch den Informatikern, die die Werkstattunterstützungssoftware konzipiert hatten, bekannt.

Ich fasse zusammen: Systembeobachtung muß als "interkultureller" Diskurs zwischen verschiedenen Fachrichtungen und Akteursgruppen betrachtet und organisiert werden. Die Diskursform ist schon dadurch geboten, daß a) die Ergebnisse der Beobachtungen, die mit Hilfe verschiedener Beobachtungssprachen gewonnen wurden, nicht eindeutig mit Hilfe standardisierter Regeln übersetzt werden können und daß sich b) die allgemeinen Regeln der Technik an lokalen Rationalitäten brechen. Der kontinuierliche Diskurs ist erforderlich, weil keine Fachrichtung allein die vollständigen Geltungsbedingungen ihrer Sicherheitsnormen und Regeln und damit ihrer Codes aus ihren eigenen Wissensbeständen heraus spezifizieren kann, und weil weder die führenden Experten noch die lokalen Anwender und Implementeure einer Technik allein die Verantwortung für die lokale Anwendung genereller technischen Normen und Regeln tragen können.

Risiken	Kommunikations-schnittstellen
Planungs- und Implementationsrisiken	Anwender/Hersteller, Entwicklung/Vertrieb, verschiedene Fachrichtungen beim Anwender, Labor/Werkstatt, Hersteller/technische Aufsichtsdienste
Kontextualisierungs-risiken	Anwender/Hersteller, verschiedene Fachrichtungen, Labor/Werkstatt, verschiedene Anwender untereinander, Hersteller/technische Aufsichtsdienste
Initiierungsrisiken	Instandhalter/Bediener, verschiedene Fachrichtungen, Tagschicht/Nachtschicht, verschiedene "Fahrgewohnheiten" oder "kulturelle Stile"
Verifizierungsrisiken	Instandhalter/Bediener, verschiedene Fachrichtungen, unterschiedliche "kognitive Stile"
Interferenzrisiken	verschiedene Fachrichtungen, benachbarte Produktionen, System/Umwelt
Akkumulationsrisiken	?

Abb. 2: Beeinflußbare Kommunikationsebenen und -schnittstellen

Wenn man davon ausgeht, daß wohl mehr als die Hälfte aller bei der späteren Anwendung des Systems auftretenden Fehlerquellen beim Hersteller in der einen oder anderen Form bereits bekannt sind, dieses Wissen jedoch nicht mit dem Anwender kommuniziert wird, so wird deutlich, welche Chancen in einem kommunikationsorientierten Management liegen (vgl. Möll in diesem Band). Ein "interkulturelles Organisationsmanagement" ist angesichts der Spezialisierung und Zersplitterung der sicherheitsbezogenen Institutionen und Forschungszweige sowie der Akteure, die komplexe Systeme entwickeln und einsetzen, eine Notwendigkeit. Konfliktfrei ist es jedoch nicht, geht es doch um die Abgleichung von kulturell verankerten Sichtweisen und Gewohnheiten.

Literatur

Florian, M. (1990): "Vernetzte informationstechnologische Arbeitssysteme" als Gegenstand industriesoziologischer Risikoforschung. Neue Anforderungen an die Methoden oder business as usual? Information und Kommunikation 1, Dortmund

Luhmann, N. (1991): Soziologie des Risikos, Berlin/New York

Manning, P. K. (1992): Organizational Communication, New York

Peter, G./Pröll, U. (1990): Prävention als betriebliches Alltagshandeln, Bremerhaven

Perrow, Ch. (1987): Normale Katastrophen. Die unvermeidbaren Risiken der Großtechnik, Frankfurt/New York

Schliephacke, J. (1992): Arbeitssicherheits-Management (3 Bde.), Frankfurt a. M.

Seitz, D. (1993): Die soziale Steuerung von Gestaltungsprozessen. Dissertation, Universität Bremen

Weißbach, H.-J./Poy, A. (Hg.) [1993]: Risiken informatisierter Produktion, Opladen

Whorf, B. L. (1963): Sprache, Denken, Wirklichkeit, Reinbek bei Hamburg

Wynne, B. (1988): Unruly Technology: Practical Rules, Impractical discourses and Public Understanding. Social Studies of Science, London etc., vol. 18, S. 147-167

CIM: Flexible Fertigungssysteme, Roboter
und Automatisierungstechnik

Kurt Rühe
Miele & Cie., Bielefeld

Arbeits- und Funktionssicherheit von Industrierobotersystemen

1   Organisatorische Rahmenbedingungen

Der Wettbewerb fordert von den Industrieunternehmen den Einsatz von zukunftsorientierten Produktionsmitteln, um langfristig am Markt erfolgreich zu sein. Diese Fertigungsmittel müssen neben einem hohen Level in der Sicherheitstechnik auch extrem hohen Ansprüchen der Funktionssicherheit gerecht werden. Denn Systeme, die "störungsfrei" laufen, bieten wenig Gefährdungspotential hinsichtlich der Arbeitssicherheit. Das ist natürlich Utopie, aber wir versuchen, durch die Optimierung der fertigungstechnischen und betriebsorganisatorischen Rahmenbedingungen einen möglichst hohen Nutzungsgrad zu erreichen.

Mit diesem Ziel wurden im Bielefelder Mielewerk vor ca. 5 Jahren organisatorische Strukturen geändert: Es wurde eine Abteilung geschaffen, die für die Automatisierung der Produktionsmittel und -abläufe zuständig ist. Diese Abteilung ist in vier Gruppen gegliedert, die jeweils für die Entwicklung der Fertigungssysteme, die Konstruktion der Betriebsmittel, die Integration von Netz- und Prüfrechnern und die Betreuung der Systeme in der Fertigung zuständig sind.

Um Störzeiten bei der Integration neuer Anlagen zu minimieren, bauen wir die Fertigungssysteme im Laborbereich vollständig auf. Dadurch haben wir die Möglichkeit, den Systemaufbau und die Programme im Vorfeld zu optimieren. Die Schulung der Bedienpersonen kann vor dem Einsatz in der laufenden Fertigung durchgeführt werden. Mit diesen organisatorischen Voraussetzungen kann die Produktionsautomation die Aspekte der Arbeits- und Funktionssicherheit schon bei der Planung und Entwicklung berücksichtigen, so daß komplett ausgetestete Anlagen an die Fertigung übergeben werden können.

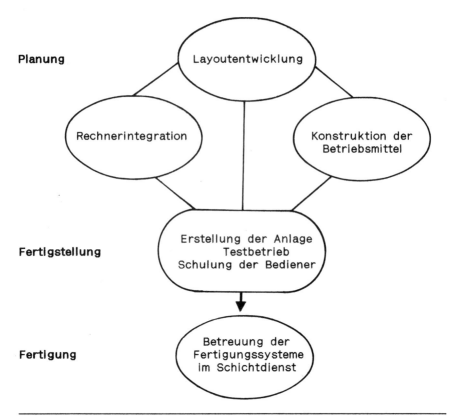

Abb. 1: Organisatorische Struktur

2 Sicherheitstechnischer Aufbau von Robotersystemen

Bei den Systemkomponenten für die Arbeitssicherheit haben wir Standards geschaffen, um die nicht unerheblichen Kosten in Grenzen zu halten. Wir umzäunen die Robotersysteme grundsätzlich mit Schutzgittern und die Türen werden mit von der BG abgenommenen Türschaltern mit Magnetverriegelungen ausgestattet. Ein Betreten des Schutzraumes ist nur nach vorheriger Anforderung möglich, d.h. nach dem Betätigen des Türöffnungstasters beendet der Roboter seine letzte Bewegung, schaltet seine Armleistung aus und erst dann wird die Magnetverriegelung an der Tür freigegeben. Sollte die Routine für das definierte Anhalten irgendwie versagen und die Freigabe bei laufendem Roboter kommen, wird die Anlage sofort in Not-Aus geschaltet, wenn die Tür geöffnet wird.

Auch auf der pneumatischen Seite haben wir mit einer speziellen Schaltung für ein hohes Maß an Arbeitssicherheit und Bedienkomfort gesorgt. Je nach Anwendungsfall werden bei Not-Aus Zylinder drucklos geschaltet oder mit Rückschlagventilen in der momentanen Stellung eingespannt. Der Re-Start wird mit der sogenannten langsamen Einschaltbelüftung bedienungsfreundlich und materialschonend durchgeführt.

Als Schnittstelle zwischen Roboter und Umfeld haben wir den sogenannten Peripherieschrank geschaffen, in dem redundant aufgebaute Relaiskombinationen mit zwangsgeführten Kontakten ein sicheres Abschalten gewährleisten. Das gesamte Input-/Output-Handling wird auch über diesen Schrank geleitet, so daß ein schnelles Austauschen des gesamten Roboters im Schadensfall möglich ist. Die einzusetzenden Komponenten und die Anordnung des Schutzgitters werden in Zusammenarbeit mit unseren Sicherheitsfachleuten festgelegt. Damit sind wir der Meinung, einen sehr hohen Sicherheitsstandard realisiert zu haben und den Bedienern einen größtmöglichen Arbeitsschutz zu bieten.

3 Funktionssicherheit in Produktionsanlagen

Genau wie die Arbeitssicherheit hat auch die Funktionssicherheit einen hohen Stellenwert in unserer Fertigungsphilosophie. Bei der Auslegung einer Fertigungszelle gibt es mehrere Möglichkeiten, bei einem Störfall zu reagieren. Der Bediener kann z.B. die Fertigungsinsel in Grundstellung bringen und per Knopfdruck einen Neustart veranlassen. Diese Alternative ist sehr zeitaufwendig, zumal oft Kleinigkeiten, wie ein Verklemmen von Teilen in der Zuführung, ein System zum Stoppen bringen. Der Industrieroboter ist dann für den Bediener eine *black box*, bei der er nur einen Knopfdruck zu tätigen hat.

Durch eine Intensivierung der Kommunikation Mensch-Maschine haben wir versucht, den Roboter dem Mann vor Ort näher zu bringen. Unsere Roboterzellen werden mit Terminals ausgestattet, mit denen wir jede Störung im Klartext anzeigen können. Die komfortable Gestaltung der Störungsroutinen gibt nicht nur dem Bediener eine Hilfestellung, z.B. "Teil x liegt nicht in der Entnahmeposition", sondern auch dem Betreuungspersonal detaillierte Informationen, z.B. "Eingang 3.4 fehlt, evtl. Kabelbruch an der Vereinzelung", mit Vorschlägen zur Störungsbehebung. Durch diese Strategie haben wir erreicht, daß das

Bedienpersonal einen Großteil der Störungen selbst beseitigt und die Betreuer nur bei schwierigen Fällen gerufen werden. Der Roboter ist zum etablierten Element in unserer Fertigungslandschaft geworden. Die Schwellenangst zu dieser neuen Technologie wurde schnell überwunden, so daß die Akzeptanz und damit auch die Nutzung ein hohes Niveau erreichen konnte.

4   Automatische Störungsbeseitigung

Ein anderes Mittel zur Nutzungsgraderhöhung ist der Einsatz von Routinen zur automatischen Störungsbeseitigung. Bei dem Aufbau unserer Fertigungslinie für den Geschirrspülerbottich – dort sind 25 Roboter direkt verkettet integriert – haben wir festgestellt, daß die Störungen fast ausschließlich von der Peripherie des Roboters herrühren. Die Verfügbarkeit der Roboter hingegen liegt bei über 99%. Damit ist es naheliegend, die Flexibilität dieser sehr zuverlässigen Komponente Industrieroboter innerhalb der Fertigungszelle auch zur automatischen Störungsbeseitigung zu nutzen.

Mit der Integration von Reservemagazinen kann man kurzzeitige Störungen in der Teilebereitstellung überbrücken. In unserer Fertigungslinie haben wir für die einzelnen Komponenten Stapelmagazine im Arbeitsbereich des Roboters integriert. Die Kapazität ist so ausgelegt, daß Probleme in der Teilezufuhr bis zu fünf Minuten überbrückt werden können. Die Störung im Materialfluß wird mit einer gelben Lampe signalisiert, somit hat der Bediener die Information, daß die Anlage zwar im Moment noch läuft, aber innerhalb der nächsten Zeit zum Stillstand kommt. Der Füllstand der Reservemagazine wird vom Roboter kontrolliert, d.h. bei Wartezeiten für den Roboter füllt er automatisch die Magazine wieder auf.

Durch das ungünstige Aufsummieren der Fertigungstoleranzen kommt es auch oftmals zu Schwierigkeiten beim Ablegen der Teile in die Bearbeitungseinrichtung. Der Roboter kann mit den dementsprechend detaillierten Informationen das schiefliegende oder verbogene Teil nachdrücken oder komplett wieder entnehmen, um ein neues Teil zu holen.

Beim Einsatz von Vibrationswendelförderern und Linearförderern kommt es oft zu dem bekannten Problem, daß sich die Teile in den Führungen verklemmen oder verkanten. Bei einer alten Applikation sind wir zur Störungsbehebung mit dem Roboter, der mit Parallelgreifer ausgerüstet war, zum Linearförderer gefahren und haben durch mehrmaliges Öffnen und Schließen dem Linearförderer leichte Impulse gegeben, durch die der Materialfluß wieder in Gang gesetzt wurde. Eine einfache, aber wirkungsvolle Variante. Der Kreativität des Programmierers sind also keine Grenzen gesetzt, die Flexibilität des Roboters auch zur Störungsüberwindung voll auszunutzen.

5   Schulung der Bedienpersonen

Die Schulung der Mitarbeiter im Bereich der Robotertechnik läuft auf zwei Schienen. Zum einen werden die Auszubildenden an PC's mit einem einfachen Simulationssystem geschult. Das Softwarepaket umfaßt allgemeine Aspekte der Robotertechnik und geht auch auf die verschiedenen Kinematiken ein. Der Einstieg in die Programmierung wird mit simplen Beispielen durchgeführt. Die Vorbereitung der zukünftigen Facharbeiter im Umgang mit rechnergesteuerten Anlagen findet auf einem sehr hohen Level statt, denn nach der theoretischen Ausbildung am Simulationssystem wird beim Durchlaufen der verschiedenen Abteilungen bei uns auch die praktische Ausbildung an realen Robotern durchgeführt.

Noch intensiver wird die Schulung mit den Bedienpersonen durchgeführt. In regelmäßigen Abständen werden die Mitarbeiter aus der Fertigung bei uns im Laborbereich direkt am Roboter ausgebildet. Bei neuerstellten Anlagen werden die entsprechenden Bediener schon vor der Integration der Systeme in der Produktion mit dem Roboter und der Peripherie vertraut gemacht.

6   Vernetzung von Robotersystemen

Im Rahmen eines Pilotprojektes haben wir die 12 Roboter in unserer Bottichfertigung mit einem Fertigungsleitrechner vernetzt. Ausgehend von einer seriellen Schnittstelle am Roboter gehen wir über einen V24-LWL-Wandler mit Lichtwellenleiter zu einem *multitasking*-fähigen VME-Bus-Rechner. Wir nutzen das System in erster Linie zur Betriebsdatenerfassung. Die Roboter erfassen die Anzahl und Dauer der einzelnen Störungen und geben diese Daten incl. Taktzeiten und Pufferständen an den Zellenrechner weiter. Vom Rechner aus haben wir die Möglichkeit, die Geschwindigkeit der Roboter zu beeinflussen oder Segmente der Linie zur zeitlichen Optimierung der Wartung in den letzten Zyklus zu fahren. Die anfallenden Daten werden analysiert und zur Ermittlung der Verfügbarkeiten und Nutzungsgrade verwendet. Zur Optimierung der einzelnen Zellen werden Störungen, die hinsichtlich der Dauer oder der Anzahl einen bestimmten Schwellwert überschreiten, explizit angezeigt, um aus der Flut der Daten die "Ausreißer" besonders hervorzukehren.

Abschließend kann man sagen, daß es allein durch die Vernetzung von Robotersystemen nicht zu sicherheitskritischen Zuständen kommt. Man muß natürlich dafür sorgen, daß die einzelnen Roboterzellen nach den vorher genannten Regeln entsprechend gesichert werden.

Friedhelm Nolte
innospec Prüfsystem GmbH, Bochum

Lösung von Sicherheitsproblemen in der Montageautomation im Spannungsfeld zwischen Anwendern und Herstellern

1   Sicherheitsaspekte automatisierter Montageanlagen

Das Produktspektrum der Zukunft ist geprägt durch kürzere Produktlebensdauer bei steigender Typenvielfalt. Insbesondere im Bereich der Konsumgüter werden sich auf dem Markt nur diejenigen Hersteller behaupten, die schnell und ideenreich auf die sich wandelnden Bedürfnisse und Erwartungen der Verbraucher reagieren und Innovationen schnell in marktfähige Produkte umsetzen können.

Steigende Anforderungen an die Sicherheit und Zuverlässigkeit industrieller Erzeugnisse erfordern darüber hinaus immer mehr die kontinuierliche Überwachung des Fertigungsprozesses selbst und damit die Integration von Prüf- und Überwachungseinrichtungen in automatisierte Fertigungssysteme. Der globale Begriff "Sicherheit" läßt sich dabei unter verschiedenen Aspekten betrachten (Abb. 1):

Arbeitsschutz

- weitgehend durch allgemeine Vorschriften geregelt, z.B. Din 57113, VDI 3231, VDE 0113 etc.

Produktsicherheit/-qualität

- Produzentenhaftung
- Produkt- und Unternehmensimage
- Reparaturkosten

Betriebssicherheit beeinflußt die

- Wirtschaftlichkeit des Systems
- innerbetriebliche Akzeptanz
- Motivation der Mitarbeiter
- Wettbewerbsfähigkeit

Abb. 1:   Sicherheitstechnische Aspekte bei Fertigungseinrichtungen

Der erste wesentliche Gesichtspunkt ist die Sicherheit der Fertigungsumgebung, d.h. der *Arbeitsschutz*. Dieser Bereich ist zwar weitgehend durch allgemeine Vorschriften (UVV, VDE-, VDI-Vorschriften) geregelt, jedoch können diese Verordnungen nicht in jedem Fall als ausreichend angesehen werden. Gerade im Bereich vernetzter Fertigungssysteme mit komplexer steuerungstechnischer und datentechnischer Verkettung können allgemeine Vorschriften nur einen groben Rahmen für die Ausführungsrichtlinien liefern. Die Bedürfnisse des Arbeitsschutzes sind daher in allen Phasen der Planung und Entwicklung von Fertigungssystemen mit zu berücksichtigen.

Der zweite Aspekt bezieht sich auf die Sicherheit des Produktes, d.h. die *Produktqualität*. Spätestens seit der gesetzlichen Verschärfung der Produzentenhaftung ist nicht nur die Produktqualität selbst, sondern auch der Nachweis der Fertigungsqualität ein wichtiger, u.U. überlebenswichtiger Faktor. Aber auch das Image des Unternehmens sowie die Höhe der garantiebedingten Reparaturkosten hängen stark von der Zuverlässigkeit der Produkte ab.

Eine gleichbleibend hohe Produktqualität läßt sich jedoch nur durch eine hohe *Betriebssicherheit der Fertigungseinrichtungen*, d.h. technische Verfügbarkeit erreichen. Schwieriger zahlenmäßig zu erfassen, aber ebenso wichtig sind die mit der Zuverlässigkeit zusammenhängenden Faktoren, wie die innerbetriebliche Akzeptanz eines Fertigungssystems sowie die Motivation der Bediener. Alle Faktoren zusammen entscheiden schließlich über die Wettbewerbsfähigkeit von Produkten und Dienstleistungen. Eine hohe Betriebssicherheit bedeutet üblicherweise auch eine hohe Arbeitssicherheit für die Beschäftigten, da in störungsfrei laufende Anlagen nicht außerplanmäßig eingegriffen werden muß.

2 Flexibilität erfordert Vernetzung

Durch die kurzen Innovationszyklen kommt der Flexibilität der Produktionsmittel steigende Bedeutung zu, denn nur hierdurch kann eine schnelle und kostengünstige Anpassung der Fertigungseinrichtungen an die Produktionsbedingungen gewährleistet werden. Diese Flexibilität wird i.a. den Industrierobotern zugeschrieben, da diese durch einfache Programmumstellung schnell und präzise neue Aufgaben übernehmen können. Mit dem Einsatz von Robotern allein ist es jedoch nicht getan, so erfordert denn eine flexibel automatisierte

Fertigung eine ebenso flexible Peripherie, ein hohes Maß an integrierten Prüf- und Überwachungseinrichtungen und aufwendige Kommunikationstechniken. Trotzdem stellt der Roboter in der flexiblen Fertigung i.a. die zentrale Komponente dar. Daher sollen die in Abb. 2 wiedergegebenen Zahlen Aufschluß über die verschiedenen Einsatzgebiete der in Deutschland eingesetzten Roboter geben.

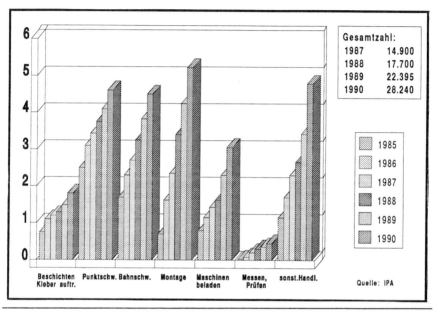

Abb. 2: Einsatz von Industrierobotern

Es wird deutlich, daß bis vor einigen Jahren das Lackieren und Schweißen im Automobilbau das Hauptgebiet für Roboterapplikationen war. Erst in den letzten Jahren wurden Roboter zunehmend in der Montage eingesetzt. Im Jahr 1990 war zum ersten Mal im Montagebereich die Gesamtzahl der eingesetzten Roboter am höchsten. Der Grund für die verzögerte Verbreitung der Montageroboter lag nicht etwa im mangelnden Bedürfnis, Montagekosten einzusparen, sondern darin, daß das Montagegebiet sehr komplex und schwierig zu erfassen ist. Auf den traditionellen Gebieten hat der Roboter im allgemeinen nur eine einzelne Tätigkeit auszuführen (z.B. Spritzen, Punktschweißen), in der Montage sieht er sich einer Vielzahl von Einzelteilen aus unterschiedlichen Materialien mit völlig unterschiedlicher Geometrie gegenüber, die dann auch noch aus verschiedenen Richtungen und auf unterschiedliche Weise miteinander verbunden werden sollen.

Aufgrund der vielen unterschiedlichen Teilaufgaben in der Montagetechnik ist es erforderlich, die einzelnen Fertigungsschritte mit Hilfe integrierter Prüfeinrichtungen auf ordnungsgemäße Ausführung hin zu überprüfen. Da auch die Bereitstellung der Montageteile sichergestellt werden muß, sind die verbundenen logistischen Komponenten durch geeignete Maßnahmen zu überwachen, wodurch die Komplexität des Fertigungssystems weiter zunimmt. Die Hauptanforderungen an flexible Montageanlagen unter dem Gesichtspunkt der Betriebssicherheit sind in Abb. 3 wiedergegeben.

- Minimierung produktspezifischer Komponenten
- Flexible Bereitstellung und Entsorgung der Bauteile
- Entkoppelung verketteter Transfer- und Montagesysteme durch flexible Peripherie
- Konstante Verfügbarkeit der Bauteile für unterschiedliche Produkte
- Bauteilebereitstellung in standardisierten Behältern
- Automatische Umstellung auf anderes Produkt, kurze Rüstzeiten
- Kurze Stillstandzeiten bei Einführung neuer Produkte
- Integrierte Fertigungsüberwachung und Qualitätsprüfung mit Dokumentation
- Kommunikationsfähigkeit
  * mit dem Bediener (bei Störfällen)
  * mit anderen direkt verbundenen Systemen
  * mit dem Leitrechner für Prod.-daten und Betriebsstatus
  * *off-line*-Programmierbarkeit
- Hohe Verfügbarkeiten durch
  * gezielte Störfallstrategien
  * redundante Meß- und Prüfeinrichtungen
  * geschultes Bedien- und Wartungspersonal

Abb. 3: Anforderungen an flexible Fertigungsysteme

3   Probleme bei der Planung vernetzter Systeme

Die bisher erwähnten Punkte lassen erkennen, daß zur Festlegung der Spezifikation in Form eines Pflichtenheftes eine Vielzahl von Punkten geklärt sein muß, die in der Regel über die Kompetenz einer Unternehmensabteilung hinausgehen. Je stärker die Fertigungssysteme untereinander vernetzt sind, desto mehr unterschiedliche Branchen, Disziplinen und Komponenten sind zur Erstellung eines funktionsfähigen Fertigungssystems erforderlich.

Einige der sich mit zunehmender Vernetzung ergebenden Probleme sind in Abb. 4 wiedergegeben.

■ **Mehr Schnittstellen**
* mechanisch
* elektrisch
* steuertechnisch
* datentechnisch
* logistisch
* organisatorisch

■ **Weitere Systemgrenzen**

■ **Mehr externe Eingriffsmöglichkeiten**
* Zugriffsregelungen
* Verantwortlichkeiten
* Sabotage/Spieltrieb

■ **Programmsicherheit**
* Störfallstrategien
* Austesten aller Störfallarten schwierig

■ **Problem der komplexen Regelung der Zuständigkeiten**

Abb. 4: *Vernetzungsprobleme*

Mit steigender Komplexität der datentechnischen Vernetzung schwindet die Überschaubarkeit der benötigten Software, so daß insbesondere bei offenen Datennetzen nicht alle inneren und äußeren Störfälle steuerungsmäßig berücksichtigt und überprüft werden können. Die vielfach geforderte CIM-Anbindung der Fertigungsanlagen an Konstruktion und Fertigungsplanung und die *off-line*-Programmierbarkeit der Steuerungen bringt als unangenehme Begleiterscheinung die Gefahr von Betriebsstörungen durch Hard- und Softwarefehler, aber auch der Sabotage von außen mit sich.

4 Abbau von "Spannungen" durch organisatorische Maßnahmen

Bisher entsteht ein neues Produkt in der weitgehend zeitlichen Reihenschaltung von Konstruktion und Fertigung (Abb. 5). Erst wenn ein Bauteil in Vollendung gestaltet, maßlich und werkstofflich festgelegt ist, wird es an den Fertigungsplaner weitergeleitet, der es dann wirtschaftlich produzieren soll. Nur allzu oft werden hierdurch Software, Rechnerstrukturen, Netzwerke und Prüftechnik in genau dieses Schema gepreßt, wodurch die vorhandenen Leistungspotentiale der Einzelkomponenten nur unzureichend ausgeschöpft werden. Die Folgen sind zum einen Einbußen in der Betriebssicherheit der Produktionsmittel, zum anderen Produktmängel.

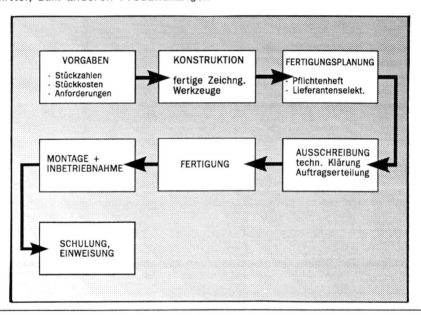

Abb. 5: Planung von Montageanlagen (herkömmliche Planung)

Die sich scheinbar konträr gegenüberstehenden Forderungen nach kurzen Entwicklungszeiten und hoher Betriebssicherheit lassen sich dadurch lösen, daß bereits in der Frühphase der Produktentwicklung auf die Belange der Fertigung Rücksicht genommen wird und die Fragen der Betriebssicherheit und der Produktqualität in die Vorüberlegungen miteinfließen. Es ist ratsam, im gemeinsamen Gespräch zwischen allen beteiligten Disziplinen nach einer optimalen Lösung zu suchen (Abb. 6).

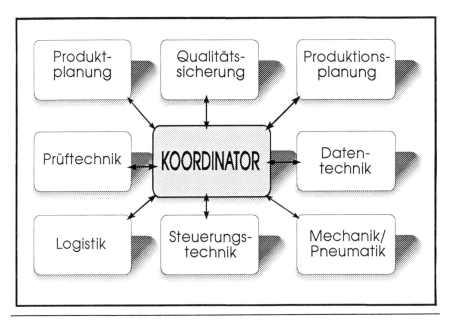

Abb. 6: Planung vernetzter Anlagen

Das bedeutet, daß Produktplanung und Produktionsplanung parallel und interaktiv durchgeführt werden sollten. Die vernetzten Strukturen bieten die Chance, die geforderten wirtschaftlichen und technischen Voraussetzungen für erfolgreiche Produkte zu liefern, erfordern jedoch bereits in der Planungsphase eine enge Koordination aller am Projekt beteiligten Disziplinen.

Ein Fertigungssystem steht und fällt mit der sorgfältigen Planung. Das betrifft zum einen die rein technischen Dinge wie Schnittstellendefinitionen, Funktionsbeschreibung etc., zum anderen auch die organisatorischen Aufgaben wie Terminplanung und Überwachung des Planungs- und Fertigungsfortschritts, zeitlich abgestimmte Einweisung des Personals entweder an der Anlage selbst oder an Simulatoren.

In der Mehrzahl der Fälle wird jedoch nur ein kleiner Teil der an der Planung und Ausführung beteiligten Stellen im Hause des Anwenders zu finden sein. Bei der überwiegenden Zahl von Projekten wird die Handhabungs-, Transport-, Prüf- und Steuerungstechnik zugekauft. Hierdurch entstehen eine Vielzahl von Schnittstellen, durch die die Betriebsicherheit und Funktionalität des Gesamtsystems deutlich mitbestimmt wird. Wichtig ist hierbei, daß alle Aktivitäten sauber koordiniert werden und die Informationen allen Betroffenen weitergegeben werden.

Vorgefertigte Pflichtenhefte des Betreibers sind erfahrungsgemäß eine notwendige, aber keine hinreichende Voraussetzung für den Erfolg eines Systems. Probleme bei der Implementierung von Fertigungssystemen lassen sich deutlich minimieren durch:

1. Ganzheitliche Planung des vernetzten Systems unter Einbeziehung firmenstrategischer Gesichtspunkte
2. Parallele Produkt- und Produktionsplanung
3. Frühzeitge Klärung der Schnittstellenprobleme
4. Frühzeitige Bildung einer interdisziplinären Arbeitsgruppe bzw. Einschaltung eines externen Systemplaners
5. Qualifikation und Schulung der Mitarbeiter.

Erst wenn im Vorfeld zwischen den unterschiedlichen Disziplinen, Abteilungen und Unternehmen ein intensiver Dialog stattfindet, können alle wichtigen betriebs- und sicherheitstechnischen Belange berücksichtigt und so Funktionalität, Sicherheit und Wirtschaftlichkeit komplex vernetzter Systeme optimiert werden.

Gerd Möll
Universität Dortmund

Implementation fortgeschrittener Produktionstechnologien und Arbeitsschutz

1 Problemaufriß

Seit einigen Jahren wird verschiedentlich die Forderung erhoben, Arbeitsschutzbetrachtungen bei fortgeschrittenen Produktionstechnologien (FFS, CNC, Roboter) nicht nur für den Normalbetrieb in der eigentlichen Produktionsphase anzustellen, sondern auf alle Betriebsphasen und Betriebsarten auszudehnen (Link 1989). Das schließt auch die Phasen der Planung, Installation und Inbetriebnahme ein.

Diese Blickerweiterung dürfte um so wichtiger sein, da sich angesichts veränderter Wettbewerbsbedingungen immer mehr Unternehmen bei der Planung und Implementation von Automationskomponenten einem wachsenden Zeitdruck gegenübersehen, der unter dem Gesichtspunkt des Arbeitsschutzes problematische Folgen haben kann. Aufgrund der wettbewerbsbedingten Beschleunigung der Innovationsabläufe und der Verkürzung von Produktlebenszyklen steht den Unternehmen (und zwar sowohl den Technikherstellern wie auch den Anwendern) immer weniger Zeit zur Verfügung, um eine systematische und mögliche (Neben-)Effekte berücksichtigende Entwicklung, Erprobung und Einführung der Automationskomponenten durchzuführen. Als Folge der immer kürzeren Entwicklungs- und Vorbereitungszeiten wächst das Risiko der problematisch raschen Umsetzung von unausgereiften Lösungen in die Produktion.

Daß dieser Umstand auch zu Lasten der vorausschauenden Berücksichtigung arbeits- und funktionssicherheitsbezogener Anforderungen gehen kann, muß wohl nicht besonders betont werden. Zeitdruck, unzureichende Planung und Vorbereitung (z.B. fehlendes Störfalltraining) sowie mangelhafte Koordinierung bei der Einführung und beim Betrieb neuer Produktionstechnologien provozieren Gefährdungslagen, die durch ambitionierte Zielvorgaben *in puncto* Auslastung und Stückzahlen und dem damit verbundenen Erwartungsdruck noch gesteigert werden.

Am Beispiel von Industrierobotern läßt sich dieser Zusammenhang belegen. So kommen Arbeiten, die vorhandene Veröffentlichungen über die Ursachen von aufgetretenen Unfällen und Beinahe-Unfällen an

Industrieroboterarbeitsplätzen zusammenfassend würdigen, zu ganz ähnlichen Ergebnissen:

> "Generelle Aussage ist, daß Unfälle mit Industrierobotern nicht auf spektakulären Einzelursachen beruhen, sondern i.d.R. durch verschiedenartige, oft ganz alltägliche Fehler und Versäumnisse bei der Konstruktion, während der Planungsphase der Anlage oder bei der Organisation des betrieblichen Ablaufs (insbesondere für die indirekten Tätigkeiten) ausgelöst werden, die in anderen Fällen ohne gefährliche Folgen blieben, an einem Industrieroboter-Arbeitsplatz aber zum Unfall führten" (Nicolaisen 1990: 282f.).

Andere Autoren stellen bei der Gewichtung der einschlägigen Studien zu den Unfallursachen heraus, daß es in der Mehrzahl der Fälle nicht die menschlichen und technischen Fehler, sondern insbesondere organisatorische bzw. planerische Ursachen sind, die für Unfälle mit Industrieroboterbeteiligung verantwortlich sind (Zimolong/Trimpop 1992). Nimmt man noch den Hinweis von Automatisierungsfachleuten hinzu, daß während der Inbetriebnahme "am meisten passiert", so läßt sich festhalten, daß der Planungs- und Implementationsphase von Robotersystemen unter Sicherheitsaspekten eine erhebliche Bedeutung zuzumessen ist. Diese Aussage läßt sich auch auf andere rechnergestützte Technologien im Produktionsbereich übertragen (vgl. Fleischer/Kuhn/Schreiber 1989).

Die Situation vieler Unternehmen bei der Durchführung von Prozeßinnovationen läßt sich zugespitzt als Dilemma formulieren: Werden die Automationskomponenten (zu) rasch eingeführt, können die Anwendungsbedingungen und möglichen Nebenfolgen nicht ausreichend berücksichtigt werden. Arbeitsschutzrelevante Risikoanalysen müssen ebenso unterbleiben wie notwendige Qualifizierungsmaßnahmen. Begünstigt wird diese Situation oftmals durch das Fehlen geeigneter Planungshilfsmittel für die Themenfelder Arbeitsschutz, Arbeitsgestaltung und Qualifizierung. Kommen noch unrealistische Vorstellungen über Realisierungszeiträume der Innovation hinzu, entsteht ein erheblicher Druck, der auf Seiten des Personals zu massiver Überforderung führt. Aufgrund all dieser Faktoren erhöht sich das Risiko von Arbeitsunfällen sowie von Funktionsstörungen beim betrieblichen Einsatz neuer Technologien. In der Folge können sich dadurch auch Akzeptanzprobleme bei den betroffenen Arbeitskräften ergeben.

Schlägt man dagegen eine gegenläufige Strategie ein und zieht sich für längere Zeit in die Entwicklungslabors zurück, riskiert man einen empfindlichen Zeitverzug gegenüber der Konkurrenz. Außerdem können nicht alle Eventualitäten im Labor vorweg berücksichtigt werden.

Allein die räumliche und kognitive Distanz zwischen Labor und Produktion stehen einer lückenlosen Antizipation der konkreten Anwendungsbedingungen meist im Wege. Dies kann dazu führen, daß Systeme beim Einsatz unter realen Produktionsverhältnissen plötzlich Schwachstellen aufweisen, obwohl sie im Laborbetrieb einwandfrei funktioniert haben. Auch dieser Umstand kann Akzeptanzschwierigkeiten bei den Werkern hervorrufen.

Gibt es einen gangbaren Weg aus diesem Dilemma oder wenigstens praktikable Maßnahmen, um dieses Dilemma zu entschärfen? Nach unserem Eindruck liegen Erkenntnisse aus der neueren Innovationsforschung vor, die hier hilfreich sein könnten.

2 Befunde aus der Innovationsforschung

Probleme der Implementation von Automationskomponenten wurden in der industriellen Praxis lange Zeit oftmals unterschätzt. Erst seit kurzem wird die Art und Weise der betrieblichen Einführung neuer Fertigungstechnologien als wesentlicher Erfolgsfaktor der effizienten Nutzung technologischer Potentiale und damit als wichtiges Untersuchungsfeld angesehen. Dieses Interesse verdankt sich der Erkenntnis einer beunruhigenden Kluft zwischen den Möglichkeiten neuer Technologien und den Fähigkeiten, sie effizient einzusetzen.

Über die Ursache dieser Kluft besteht in der einschlägigen Literatur Konsens. Sie wird im wesentlichen darin gesehen, daß die Einführung neuer Technologien völlig andere Annahmen und Verhaltensweisen erfordert als die betriebliche Routinepraxis. Mitverursacht wird dies durch eine erhöhte Unsicherheit in bezug auf den Zeitbedarf für die Entwicklung von neuen Routinen und Standards (1), die Dauer der Anlaufzeit (2) und die Leistungsfähigkeit der neuen Prozesse (3) (Voss 1988). Daraus ergibt sich, daß Methoden, die sich beim Routinebetrieb bewährt haben, nicht für den durch hohe Unsicherheit geprägten Innovations- bzw. Implementationsprozeß geeignet sein müssen.

Für das erfolgreiche Implementationsmanagement besteht die Aufgabe darin, eine Balance zwischen konträren Anforderungen zu finden. Und zwar zwischen (1) der notwendigen physischen und kognitiven Distanz des Implementationsgeschehens vom Tagesgeschäft und der notwendigen Nähe zu den realen Einsatzbedingungen sowie zwischen (2) neuen Ideen und Sichtweisen in bezug auf technologische Möglichkeiten und dem Zwang, diese produktiv und in realistischer Form umzusetzen.

Eine von einer Mitarbeiterin des MIT vorgelegte empirische Studie zur Implementationsproblematik neuer Fertigungstechnologien (Tyre 1991) hat organisatorische Maßnahmen dingfest machen können, die diese Bedingungen erfüllen und dadurch zur Verkürzung der Anlaufzeiten und zur Gewährleistung von höherer Zuverlässigkeit und Effizienz der betreffenden Produktionsprozesse beigetragen haben. Das "Geheimnis" dieser Maßnahmen bestand in der Einrichtung sog. "forums of change" ("Umstellungsforen"), die in räumlicher Hinsicht zwar in der Nähe der Produktion angesiedelt, aber doch vom Tagesgeschäft abgetrennt waren. Zu den wesentlichen organisatorischen Bestandteilen dieser "Entwicklungsinseln" gehören:

- Sorgfältige Abschätzung möglicher (Neben-)Effekte und Zusammenarbeit mit dem Hersteller bereits im Vorfeld der Implementation (*preparatory search*);
- Kooperation mit externen technologischen Experten bei der Problemlösung während der Anlaufphase, um interne Know-how-Defizite zu kompensieren (*joint search*);
- Rollenüberschneidungen zwischen dem technischen Personal und dem eigentlichen Produktionspersonal, um wechselseitige Lernprozesse zu ermöglichen (*functional overlap*).

Diese Maßnahmen tragen, so das Ergebnis der vorliegenden Studie, entscheidend dazu bei, das Potential einer noch nicht vertrauten Technologie in vielen kleinen und reversiblen Schritten anstatt durch einen großen und eher blinden Sprung zu erkunden. Bei den Betrieben, die eine derartige Strategie eingeschlagen haben, konnte eine erhebliche zeitliche Reduktion der Anlaufphase beobachtet werden, die rasch in einen störungsarmen und effizienten Routinebetrieb mündete. Einer gut qualifizierten und motivierten Belegschaft kommt in diesem Zusammenhang lediglich die Bedeutung einer notwendigen, aber keinesfalls einer hinreichenden Bedingung für die reibungslose Einführung fortgeschrittener Produktionstechnologien zu.

3 Was kann der Arbeitsschutz von der Innovationsforschung lernen?

Die Botschaft der referierten Befunde läßt sich zusammenfassen in den Forderungen nach mehr Raum und Zeit sowie nach intensiverer professions- und organisationsübergreifender Zusammenarbeit bei der Vorbereitung und Inbetriebnahme neuer Fertigungslinien und -technologien. Und da die Beachtung dieser Forderungen (zumindest *in the long run*) einen nicht unerheblichen ökonomischen Nutzen verspricht, scheint hier auch ein Ansatzpunkt für die rechtzeitige und angemessene Berücksichtigung der einschlägigen Anforderungen des Arbeits- und Gesundheitsschutzes bereits während der Planung und Einführung von Prozeßinnovationen zu bestehen.

Allerdings sind auch die potentiellen Hindernisse bei der Befolgung dieser Vorschläge zu berücksichtigen. Der Ruf nach mehr Zeit und Ressourcen impliziert natürlich (zumindest bei kurzfristiger Betrachtung) erst einmal Mehrkosten. Auch die Notwendigkeit des Organisationsgrenzen überschreitenden Dialogs zwischen unterschiedlichen Professionen und Funktionsbereichen ist in ihrer Problembeladenheit keineswegs zu unterschätzen.

Unsere eigenen Forschungen haben gezeigt, daß ein Gutteil des Risiko- und Gefährdungspotentials neuer Technologien nicht auf technische Fehler im engeren Sinne zurückzuführen ist. In komplexen und vernetzten Produktionssystemen treffen nämlich nicht nur immer mehr unterschiedliche Komponenten zusammen, die rein rechnerisch einfach die Anzahl der möglichen Fehlerursachen erhöhen und dadurch zu einer Verringerung der Gesamtzuverlässigkeit beitragen oder deren Zusammenwirken zu völlig neuartigen und unvorhersehbaren Fehlerkonstellationen führt (Perrow 1987). An der Planung und Erstellung derartiger Systeme sind häufig auch direkt oder indirekt sehr unterschiedliche Hersteller aus unterschiedlichen Branchen sowie unterschiedliche fachliche Disziplinen (z.B. Mechanik, Hydraulik, Elektrik, Elektronik, Software) und Berufsgruppen beteiligt. Zu erwarten sind deshalb Kommunikations- und Kooperationsprobleme zwischen den beteiligten Akteuren und Akteursgruppen, die für das Sicherheitsniveau fortgeschrittener Produktionstechnologien von Belang sein dürften.

So gibt es z.B. Anhaltspunkte dafür, daß zwischen den verschiedenen Berufsgruppen (z.B. Steuerungstechniker, Programmierer, Maschinenbauer, Elektriker), die bei der Planung, Entwicklung und Implementation von rechnergestützten Produktionssystemen beteiligt sind, kein Konsens über sicherheitsrelevante Notwendigkeiten und Maßnahmen besteht. Dabei scheint es eine plausible Annahme zu sein, daß die jeweiligen Vorstellungen über Anlagensicherheit oder über die "richtigen Methoden" der Störungsbeseitigung durch professionsspezifische Kulturen geformt sind. Das Nebeneinander unterschiedlicher (Sicherheits-)Kulturen und Mentalitäten muß zwar nicht zu offenen

Konflikten führen, birgt aber u.a. die Gefahr von "mentalen Schnittstellenproblemen" (vgl. den Beitrag von Weißbach in diesem Band).

Die Koexistenz verschiedener Professionen und Sicherheitskulturen bei der Entwicklung und Nutzung rechnergestützer Produktionstechnologien kann also in einer Konkurrenz unterschiedlicher Risikomodelle und -wahrnehmungsweisen resultieren. Unterschiedliche Wahrnehmungsmuster von Risiken kommen etwa darin zum Ausdruck, daß die einen (z.B. traditionelle Maschinenbauer) eher die herkömmlichen Risiken der Operateure auf der Ebene des unmittelbaren Produktionsprozesses vor Augen haben, während die anderen, die an Vernetzungskonzepten arbeiten (z.B. Informatiker), Sicherheitsrisiken vorwiegend auf der Ebene von Datenbrüchen, -inkonsistenzen und -verlusten oder in der Unübersichtlichkeit von Softwareprogrammen für die Steuerung komplexer Anlagen sehen. Bislang besteht wenig Anlaß zu der Hoffnung, daß sich diese partiellen Risikowahrnehmungen quasi naturwüchsig zu einem umfassenden Gesamtbild synthetisieren, das von allen geteilt wird.

Das Zusammenwirken verschiedener Berufsgruppen, Abteilungen und Unternehmen wird freilich nicht allein durch unterschiedliche Professions- und Sicherheitskulturen geprägt und möglicherweise erheblich behindert. Es spielen dabei auch unterschiedliche Interessen eine Rolle, die ihrerseits Form und Inhalt betrieblicher Innovationsprozesse nachhaltig beeinflussen dürften. Schnittlinien von Interessenunterschieden liegen z.B. zwischen Hersteller und Anwender, zwischen den Mitgliedern des Projektmanagements oder zwischen dem Projektmanagement und den Produktionsarbeitern (Jones 1988). Diese Frontziehungen und dadurch festgelegte Interessenssphären können einem "grenzüberschreitenden" risiko- und sicherheitsbezogenen Informations- und Kommunikationsfluß entscheidend im Wege stehen.

4 Ausblick

Erfolg und Mißerfolg, Risken und Gefahren neuer Produktionssysteme werden zunehmend davon abhängig sein, wie sich die Zusammenarbeit unterschiedlicher Akteure mit verschiedenen Interessen, Mentalitäten, (Sicherheits-)Kulturen und Wissensbeständen, die bei der Vorbereitung und Durchführung von Innovationsaktivitäten beteiligt sind, gestalten wird. Es spricht somit vieles dafür, sich aus der Perspektive arbeitsschutzrelevanter Fragestellungen mit den Konfliktfeldern und Problembereichen in der Planungs- und Implementationsphase einer

Prozeßinnovation zu befassen. Dabei ginge es primär darum, einmal genauer den Voraussetzungen für eine Implementationsstrategie nachzugehen, die Spielräume für die schrittweise und reflektierte Einführung neuer Technologien vorsieht und bestehende Demarkationslinien zwischen den daran beteiligten Organisationen, Abteilungen und Berufsgruppen überwinden helfen kann. Eine solche Strategie erweist sich gerade dann als notwendig, wenn die präventive Berücksichtigung arbeits- und gesundheitsschutzbezogener Aspekte nicht bloßes Postulat bleiben soll.

Literatur

Fleischer, A./Kuhn, K./Schreiber, P. (1989): Arbeitsschutz an Flexiblen Fertigungssystemen, Dortmund

Jones, B. (1988): When certainty fails. Inside the factory of the future, in: St. Wood (Hg.), The Transformation of Work, London

Link, W. (1989): Praktische Erfahrungen bezüglich des Arbeitsschutzes an flexiblen Fertigungssystemen, in: A. Fleischer/K. Kuhn/P. Schreiber 1989

Nicolaisen, P. (1990): Arbeitsschutz, in: H.-J. Warnecke/R. D. Schraft (Hg.), Industrieroboter. Handbuch für Industrie und Wissenschaft, Berlin u.a.

Perrow, Ch. (1987): Normale Katastrophen. Die unvermeidbaren Risiken der Großtechnik, Frankfurt a.M./New York

Tyre, M. (1991): Managing Innovation on the Factory Floor, in: Technology Review, October

Voss, C. A. (1988): Implementation. A key issue in manufacturing technology: The need for a field of study, in: Research Policy 17, H. 1

Zimolong, B./Trimpop, R. (1992): Managing Human Reliability in Advanced Manufacturing Systems, Arbeitspapier des SFB 187, Ruhr-Universität Bochum

Sicherheit Fahrerloser Transportsysteme

Heinz Köbbing

IML - Fraunhofer-Institut für Materialfluß und Logistik, Dortmund

Probleme der Arbeits- und Funktionssicherheit bei der Datenübertragung in der Steuerung von Fahrerlosen Transportsystemen

1 Einführung

Die Datenübertragung zu und von mobilen Systemen nimmt in ihrer Bedeutung fortlaufend zu. Hauptsächlich ist dies auf den Wunsch nach größerer Flexibilisierung (automatische Flurförderzeuge) und *on-line*-Visualisierung der Prozeßabläufe zurückzuführen sowie auf das Bestreben, die Fabrik "permanent zu planen" (Logistik-Management-Systeme, vgl. Jünemann 1989) [Abb. 1].

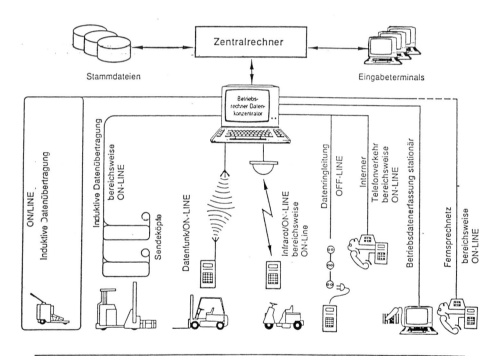

Abb.1: *Grundsätzliche Systeme für die mobile Datenerfassung nach VDI 3641*

In diesem Beitrag soll aufgezeigt werden, welche verschiedenen Verfahren der Datenübertragung bei mobilen Systemen angewendet werden. Die Leistungsdaten werden einander gegenübergestellt und die Ursachen für Störbeeinflussungen werden genauer betrachtet. Die besonderen Bedingungen der drahtlosen Datenübertragung für Sicherheitsanwendungen werden aufgezeigt. Als Ausblick wird das *spread-spectrum*-Verfahren vorgestellt.

2 Fahrerlose Tansportsysteme

Fahrerlose Transportsysteme sind innerbetriebliche, flurgebundene Fördersysteme mit automatisch geführten Fahrzeugen [VDI 2510, 1990]. Sie bestehen im wesentlichen aus einem Fahrerlosen Transportfahrzeug (FTF), einer Bodenanlage und einer Steuerung (s. Abb. 2). Da alle Funktionen automatisch ablaufen, ist eine Datenübertragung von und zu den einzelnen Fahrzeugen unumgänglich. Der Kommunikationsbedarf ist abhängig von der Funktionsverteilung auf die stationäre Steuerung bzw. die Fahrzeugsteuerung und von der Vielfalt der Aufgaben der Fahrzeuge. Der Austausch von Daten bzw. Signalen kann zwischen stationärer Steuerung und dem Fahrzeug, den Lastenübergabestationen und dem Fahrzeug und zwischen den Fahrzeugen selbst erfolgen.

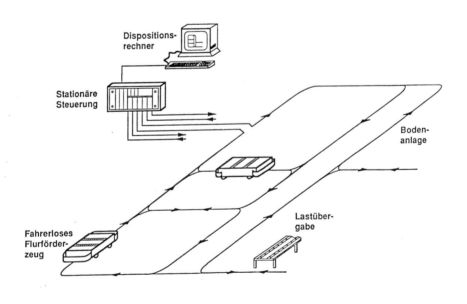

Abb. 2: Aufbau und Komponenten eines Fahrerlosen Transportsystems

2.1 Kommunikationsinhalte

Zu den auszutauschenden Daten können gehören [VDI 2510, 1990]:

- Fahrauftrag
- Hol-, Bringziele
- Steuersignale zur Blockstreckensteuerung
- Steuersignale zur Synchronisation FTF-seitiger Lastaufnahmemittel und stationärer Lastübergabestationen
- Fahrzeugnummer
- Fahrzeugstatus (Beladezustand, Not-Stop, ...)
- Fertigmeldung
- Batteriezustand
- Fehlermeldungen
- produktspezifische Daten (Auftragsnummer, Farbcode, ...)
- auftragsspezifische Daten (Fertigungsdurchlauf, "Historie").

Um die Funktion der Gesamtanlage sicherzustellen, ist in allen Betriebssituationen für eine ordnungsgemäße Abwicklung der Datenübertragung zu sorgen. Möglicherweise autretende Übertragungsfehler müssen durch geeignete Maßnahmen kompensiert werden. Die tatsächliche Leistungsfähigkeit eines Datenübertragungssystems, d.h. seine Reaktionsgeschwindigkeit und Übertragungsdauer, sind abhängig von

- der Störsicherheit des Verfahrens
- der Übertragungsgeschwindigkeit
- der Prozedur und dem Protokoll der Datenübertragung
- den Umgebungsbedingungen und
- externen Störeinflüssen.

2.2 Übertragungstechniken

Die heute in der Praxis eingesetzten berührungslosen Übertragungstechniken basieren auf folgenden Verfahren:

- Induktive Datenübertragung
- Funk-Datenübertragung
- Infrarot-Datenübertragung.

Die induktive Datenübertragung (Abb. 3) [Firmenschrift der industronic GmbH] beruht auf dem Prinzip des Transformators. Dabei ist eine der beiden Spulen als große, räumlich ausgedehnte Schleife ausgeführt, während die zweite Spule konzentriert ausgeführt ist. Eine Übertragung findet nur statt, wenn sich die zwei Spulen im Wirkungsbereich des magnetischen Flusses befinden.

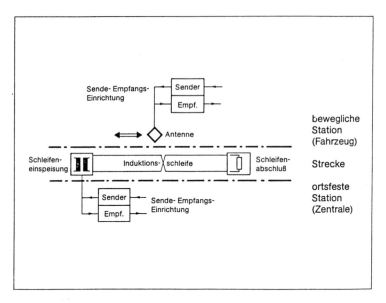

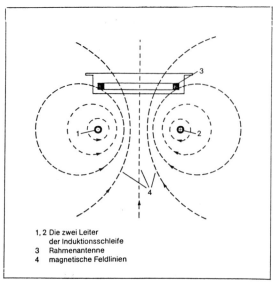

Abb. 3: Aufbau und Prinzip der Induktiven Datenübertragung

Sehr geehrte Leserin, sehr geehrter Leser,

diese Karte entnahmen Sie einem

-Buch.

Als Verlag mit einem internationalen Buch- und Zeitschriftenprogramm informieren Sie der Westdeutsche Verlag gern regelmäßig über wichtige Veröffentlichungen auf den Sie interessierenden Gebieten.

Deshalb bitten wir Sie, uns diese Karte ausgefüllt und ausreichend frankiert zurückzusenden.

Wir speichern Ihre Daten und halten das Bundesdatenschutzgesetz ein.

Wenn Sie Anregungen haben, schreiben Sie uns bitte.

Bitte nennen Sie uns hier Ihre Buchhandlung:

Antwortkarte

Westdeutscher Verlag GmbH
Postfach 58 29

D-65048 Wiesbaden

Bitte
frei-
machen!

Herrn/Frau

_____

_____

_____

Bitte füllen Sie den Absender mit der Schreibmaschine oder in Druckschrift aus, da er für unsere Adressenkartei verwendet wird. Danke!

Ich bin:

- ☐ Dozent/in
- ☐ Lehrer/in
- ☐ Sonst. _____

- ☐ Student/in
- ☐ Praktiker/in

an der:

- ☐ Uni
- ☐ FH
- ☐ Sonst. _____

- ☐ Gym.
- ☐ Bibl./Inst.

Bitte informieren Sie mich über Ihre Neuerscheinungen auf dem Gebiet:

- ☐ (40) Soziologie (H1)
- ☐ (41) Politikwissenschaft/ (H1) Verwaltungswissenschaft (H1)
- ☐ (42) Geschichtswissenschaft (H1)
- ☐ (44) Rechtswissenschaft (H1)
- ☐ (45) VWL/BWL (H1)
- ☐ (46) Literaturwissenschaft (H3)
- ☐ (47) Linguistik (H3)
- ☐ (48) Psychologie (H8)
- ☐ (49) Kommunikationswissenschaft (H1)

Spezialgebiet: _____

Gleichzeitig bestelle ich zur Lieferung über meine Buchhandlung:

Anzahl	Autor und Titel	Ladenpreis

Datum   Unterschrift

Die Funk-Datenübertragung beruht auf dem allgemein bekannten Prinzip der Ausbreitung hochfrequenter elektromagnetischer Wellen (Abb. 4) [Köbbing 1989: 40f.]. Man unterscheidet zwischen dem Datenfunk als solchem, bei dem Sender und Empfänger für die Belange der Datenübertragung eigens entwickelt worden sind, und dem sogenannten adaptiven Datenfunk. Hierbei werden die Geräte und Frequenzbereiche der bekannten Handsprechfunkgeräte für die Datenübertragung verwendet. Zur Dateneinkopplung stehen besondere Module zur Verfügung.

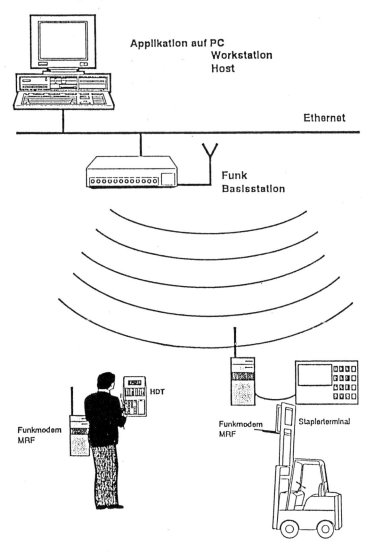

Abb. 4: Aufbau eines Funk-Datenübertragungssystems

Die Infrarot-Datenübertragung (Abb. 5) [Firmenschrift der Voll-Electronic GmbH] ist ebenfalls gut bekannt durch die Fernseh-Fernbedienung. Für die industrielle Anwendung sind spezielle Relais entwickelt worden, die mit erheblich größeren Strahlleistungen betrieben werden und deren Empfängerschaltungen ebenfalls speziell ausgelegt wurden.

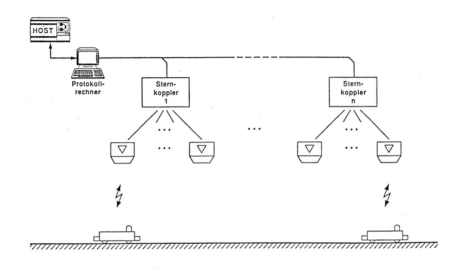

Abb. 5: Aufbau einer Infrarot-Datenübertragung mit Bus-/Stern-Struktur

Je nach Konzept und Ausführungsart gibt es punktförmige, leitungsnahe (streckenbezogene) und flächige Datenübertragungssysteme (Abb. 6). Die induktive Datenübertragung kann punkt- und streckenbezogen durchgeführt werden, während die Funk-Datenübertragung hauptsächlich flächenbezogen angewendet wird. Die Infrarot-Datenübertragung ist durch die Auswahl entsprechender Sender/Empfänger-Anordnungen in allen drei Wirkungsbereichen zu finden.

	induktive Datenübertragung	Funk-Datenübertragung	Infrarot-Datenübertr.
punktförmige	*	■	*
strecken-bezogene	*	+	*
flächige	■	*	+

Abb. 6: Gegenüberstellung der Kommunikationsbereiche und Datenübertragungsverfahren (* = möglich; + = eingeschränkt möglich; ■ = nicht möglich)

3 Vergleich der Datenübertragungsverfahren

In der folgenden Tabelle (Abb. 7) sind die Eigenschaften der verschiedenen Datenübertragungsverfahren einander gegenübergestellt. Auffällig ist die sehr geringe Reichweite und Übertragungsrate der induktiven Datenübertragung sowie im positiven Sinne die hohe Störfestigkeit. Die Funk-Datenübertragung zeichnet sich vor allem durch die problemlose Abdeckung großer Flächen aus, aber auch durch eine sehr geringe Störfestigkeit. Warum die Infrarot-Datenübertragung eine immer größere Verbreitung findet, ist aus der Übersicht ebenfalls zu erkennen: hohe Übertragungsrate (Faktor 8 im Vergleich zu Funk), geringe Störanfälligkeit, leichte Installation bei geringen Einstandskosten. Die größte Einschränkung stellt die Forderung nach möglichst ungestörter Sichtverbindung zwischen Sender und Empfänger dar. Auch die geringe Reichweite im Vergleich zur Funk-Datenübertragung wird oft als Nachteil empfunden. Dies ist jedoch in bestimmten Anwendungen sogar erwünscht!

	induktiv	Funk	adaptiver Datenfunk	Infrarot
Reichweite	0 bis 15 cm	innen 1km außen bis 10 km	wie Sprechfunk	5 - 50 m
typ Übertragungsrate	1200 Bd	2400 Bd	1200 Bd	19200 Bd
typ Netto-Datenrate	300 Bd	600 Bd	300 Bd	9000 Bd
einstellbare Richtwirkung	-	begrenzt	nein	ja
Störanfälligkeit	gering	hoch	sehr hoch	mäßig
Parallelbetrieb möglich	über Trägerfrequenz	über Trägerfrequenz	über Trägerfrequenz	bei gerichteter Datenübertragung
Kosten	mäßig	sehr hoch	hoch	mäßig
Vorteile	sehr robust und zuverlässig	große Reichweite, ungerichtete Übertragung	wie bei "Funk", größere Flexibilität, leicht nachzurüsten, Postgenehmigung unproblematisch	hohe Übertragungsrate, keine Genehmigung erforderlich, leichte Erweiterbarkeit, geringe Einstandskosten
Nachteile	niedrige Übertragungsrate, geringe Reichweiten, aufwendige Installationen	Überreichweiten viele Störmöglichkeiten, die nur schwer zu erfassen sind, geringe Übertragungsrate, sehr teuer, Genehmigungspflicht	wie bei "Funk", zahlreiche "Störer" durch andere Sprechfunkteilnehmer	Sichtverbindung erforderlich, Störungen durch andere IR-Quellen (Sonnenlicht, Leuchtstoffröhren...), viele IR-Relais bei Versorgung großer Flächen

Abb. 7: Vergleich der Eigenschaften verschiedener Datenübertragungsverfahren

4 Funktions- und Störsicherheit

Bekanntlich zeigt die technische Entwicklung seit Jahren in Richtung

- einer Flexibilisierung der Produktionsabläufe (kurze Umrüstzeiten, Losgröße eins, ...)
- einer logistischen Strukturierung des Informations- und Warenflusses (CIM, ...)
- einer Optimierung von Abläufen und Bestand durch permanente Datenerfassung und Prozeßregelung (*just-in-time*, ...) sowie durch die Visualisierung der Prozeßabläufe in Echtzeit (Multimedia, Hypermedia, ...).

Aus diesen Gründen steigt der Bedarf an Datenübertragungsverfahren mit hoher Transferrate und Zuverlässigkeit ständig. Dies trifft folglich auch für die leitungsungebundene, d.h. drahtlose Datenübertragung zu.

Die induktive Datenübertragung ist heute sehr weit verbreitet. Sie wird sich auch in Zukunft aufgrund der hohen Zuverlässigkeit und technischen Reife am Markt behaupten. Aus den vorgenannten Gründen werden zunehmend Funk- und Infrarot-Datenübertragungssysteme eingesetzt. Die Fragen zur Funktions- und Störsicherheit dieser Systeme verdienen also besondere Beachtung (Abb. 8).

Die induktive Datenübertragung ist nur durch starke Störfelder im Nahbereich der Übertragungsstrecke oder durch massives Eisen, das sich im Bereich des magnetischen Flusses befindet, beeinflußbar.

Funk- und Infrarot-Übertragungsstrecken sind durch externe Störquellen relativ leicht zu beeinflussen und die Gefahr der Abschattung bestimmter Bereiche ist groß. Der Infrarot-Technik kommt dabei zugute, daß die recht geringe Reichweite optischer Systeme (direkte Sonneneinstrahlung ausgenommen) den Störpegel dieser Strahlung allgemein begrenzt. Im Gegensatz dazu ist die Funk-Technik wegen der vergleichsweise hohen Reichweite elektromagnetischer Strahlung besonders von der allgemeinen "EM-Verseuchung" betroffen. Daher sind in bezug auf die Fehlererkennung bei der Funk-Datenübertragung besondere Maßnahmen erforderlich.

Die Sicherheit der Datenübertragung ist unbedingt zu gewährleisten; dies ist schon aus Gründen der Systemverfügbarkeit zu fordern. Daher werden die zu übertragenden Daten mit einem Protokoll gesichert. Dieses versetzt den Empfänger in die Lage, die empfangenen Daten auf Richtigkeit zu überprüfen. Aufwendige Codierungsverfahren können Fehler nicht nur erkennen, sondern u.U. auch beheben.

Induktive Datenübertragung
   Störmöglichkeiten durch:

- starke Störfelder in Nahbereich
- massive Metallgegenstände im Feldbereich

Funk-Datenübertragung
   Störmöglichkeiten durch:

- Funkschatten
- Funkgeräte
    - fremde
    - identische mit Überreichweiten
- EMS (Elektromagnetische Strahlung)
    - Antriebe, Frequenzumrichter
    - Schaltschränke
    - Schweißgeräte

Infrarot-Datenübertragung
   Störmöglichkeiten durch:

- Leuchtstofflampen mit elektronischen Vorschaltgeräten
- Leuchtstofflampen während des Startens und der Aufwärmzeit
- Abschattung
- starke direkte Sonneneinstrahlung (kann zum temporären Totalausfall des betreffenden Empfängers führen)
- technische Infrarotquellen
    - fremde (Lichtschranken, ...)
    - identische

Abb. 8: Mögliche Störungen der wichtigsten drahtlosen Datenübertragungstechniken

Gerade bei dem adaptiven Datenfunk, dessen Komponenten nur aus einfachen Sprechfunkgeräten mit Datenkopplern bestehen, muß der Aufwand der Fehlerkorrektur betrieben werden, um eine ausreichende Störsicherheit zu erlangen. Hierdurch erklärt sich der starke Einbruch der Netto-Datenrate in Abb. 7.

Die Infrarot-Datenübertragung hat die gleichen Anforderungen zu erfüllen. Hier zeigt sich jedoch, daß bei sorgfältiger Auslegung der Anlage der Einfluß von Störstrahlung weitgehend ausgeschlossen werden kann. Auch die begrenzte Reichweite erweist sich wiederum als vorteilhaft. Trotzdem ist natürlich auch hier eine Datensicherung notwendig und zu implementieren. Die Codierungsverfahren brauchen aber nicht so aufwendig zu sein wie bei der Funk-Datenübertragung und die Netto-Datenrate wird hierdurch entsprechend weniger gemindert.

5 Rückwirkungen

Was veranlaßt den Betreiber bzw. Anlagenplaner, ein drahtloses Datenübertragungsverfahren einzusetzen? Neben den eingangs genannten Gründen sind dies vor allem:

- **Kostenreduzierung**
  - *on-line*-Zeiterfassung der Transporte (z.B. Gabelstapler-Leitsystem)
  - Verbesserung der Auslastung duch Fahrzeug-Dispositionssystem
  - Vermeidung von Leerfahrten bzw. -wegen

- **Erhöhung der Zuverlässigkeit**
  - der Material- und Warenbewirtschaftung (z.B. *on-line*-Lagerverwaltung)
  - der Kommissionierung (via drahtlosem Kommissionier-Terminal)
  - der Warennachschubanforderung.

Das Verhalten der Datenübertragungssysteme wirkt zwangsläufig auf die Dimensionierung einer Anlage bzw. die Auswahl eines Verfahrens zurück. So sind in der Funk-Datenübertragung, bedingt durch die geringe Übertragungsrate, Antwortzeiten von ein bis zwei Sekunden durchaus möglich.

Die Überwachung eines FTF und ein mittels Funk ggf. ausgelöster Not-Halt würde bei der heute üblichen Höchstgeschwindigkeit von 1,3 m/s einen Anhalteweg von s = 2,6 m bewirken. Dies ist nicht hinnehmbar. Des weiteren sind Reaktionszeiten im Sekundenbereich auch für das Bedienpersonal äußerst hinderlich. Der Arbeitsfluß wird gestört und die Bereitschaft, innerhalb solcher Systeme zu arbeiten wird gemindert. Teilweise ist die Akzeptanz solcher Anlagen sogar in Frage gestellt.

Für Sicherheitsanwendungen ist eine leitungsungebundene Datenübertragung grundsätzlich nur dann geeignet, wenn ein sogenanntes Trägerfrequenzverfahren verwendet wird. Der Empfänger prüft bei diesem Verfahren, ob ein Signalträger bzw. ein periodisch auftretendes Signal vorhanden ist. Ist das nicht der Fall, wird dieses als Not-Halt interpretiert. Hierdurch ist gewährleistet, daß Befehle und Daten jederzeit übertragen werden können bzw. daß sich die Maschine oder Anlage immer in einem sicheren Zustand befindet. Solche Systeme sind auf der Basis von Funkübertragung und induktiver Übertragung bekannt und von den entsprechenden Organen für diese Zwecke zugelassen. Für die Infrarot-Datenübertragung gibt es seit kurzer Zeit eine Kran-Handbedienung, die ebenfalls zugelassen ist. Die geringe Reichweite bzw. die Richtcharakteristik dieser Handbedienung steht einer Akzeptanz der Anwender jedoch noch entgegen. Weiterhin muß eine Leistungsreduzierung von ca. 10% im Verlauf des Betriebs infolge Alterung in Kauf genommen werden.

Bei der Infrarot-Datenübertragung ist besonders zu beachten, daß leistungsbedingt alle heutigen Infrarot-Sender nach dem sog. Pulscode-Verfahren moduliert werden. Im Unterschied zur Funk-Datenübertragung ist ein Trägerfrequenzverfahren noch nicht möglich. Dies bewirkt, daß nur *eine* Sender-/Empfänger-Anordnung gleichzeitig im selben Übertragungsbereich aktiv sein darf (Gebhard 1991).

Dieses Problem kennen die Funk-Systeme nicht. Allerdings kann es besonders in Ballungsräumen vorkommen, daß die Deutsche Bundespost keine freien Kanäle mehr zur Verfügung stellen kann und daher eine Funkanlage nicht in Frage kommt.

6 Ausblick

Die induktive Datenübertragung wird für Anwendungen, bei denen es auf hohe Zuverlässigkeit ankommt und die niedrige Übertragungsrate ausreicht, auch weiterhin eine wichtige Rolle spielen.

Die Infrarot-Datenübertragung wird sich aufgrund verbesserter Empfängerschaltungen und verbesserter Sendedioden - bedingt durch eine permanente Leistungssteigerung bei Bauelementen - weitere Bereiche erschließen, die heute der Funk-Datenübertragung vorbehalten sind. Dies wird begünstigt durch die "Frequenzknappheit", d.h. durch den Umstand, daß es in Ballungsräumen bereits heute nicht mehr genügend freie Funkkanäle gibt.

Die Funk-Datenübertragung wird sich in großflächigen Anlagen und solchen mit vielen Teilnehmern weiterhin behaupten. Außerdem ist sie bei sicherheitstechnischen Anwendungen, bedingt durch das Trägerfrequenzverfahren, z.Z. nicht zu ersetzen.

Sobald sich im Zuge der Verwirklichung des europäischen Binnenmarktes einheitliche Zulassungsbestimmungen für Funk-Datenübertragungsverfahren ergeben, besteht die Wahrscheinlichkeit, daß das sogenannte "Verfahren der Frequenzspreizung" (*spread spectrum*) in Europa zugelassen wird. Dieses Verfahren ist erst in einigen wenigen Anwendungen in den USA und Großbritannien zu finden. Die Leistungsfähigkeit und die Vorteile des Verfahrens lassen jedoch den Schluß zu, daß hier in Zukunft eine sehr große Verbreitung stattfinden wird. Folgende Eigenschaften dieses Verfahrens seien hier angeführt (Spearing 1991):

- 26 MHz Bandbreite für 52 Frequenzen zur Spreizung der Daten
- unempfindlich gegen hohe unkorrelierte Störpegel
- niedrige Abstrahlleistung (1 Watt im ganzen Spektrum), ausreichend auch für die Versorgung sehr "verbauter" Gebäude (Reichweite ca. 200 m)
- Reichweite bei Punkt-zu-Punkt-Verbindung (Richtfunk) ca. 6km
- Datenrate 250 kB/s pro Frequenz
- Schutz gegen unautorisierten Zugriff (*frequency-hopping*, *scrambling*)
- sehr hohe Reduktion von Interferenzen mit gleichartigen funkgestützten Systemen
- Trägerfrequenz:
    - 902 bis 928 MHz (USA)
    - 2,412 bis 2,438 GHz (UK).

Das *spread-spectrum*-Verfahren kann als gute Ergänzung zu den leistungsfähigen Infrarot-Systemen verstanden werden, vor allem, wenn große Flächen mit vielen Stationen datentechnisch anzubinden sind. Die Bandbreite ist mit bis zu 250 KBit/s pro Kanal für heutige Verhältnisse extrem groß. Durch die Spreizung der Übertragung auf viele Kanäle kann ein "Störer" i.a. nur begrenzt, d.h. nur in bestimmten Frequenzbändern stören. Eine Datenübertragung ist in solchen Fällen nicht gänzlich unmöglich. Durch das Verfahren des *frequency-hopping* (Frequenz-Sprünge) ist die Datenübertragung zusätzlich sehr sicher gegen ein unerwünschtes "Abhören" der Übertragungsdaten, was bei den bisher vorgestellten Verfahren allgemein nicht gegeben bzw. nicht vorgesehen ist. Die Verbindung innerhalb von Gebäuden und kleinen Anlagen ist schon mit einer relativ geringen mittleren Abstrahlleistung von 1W im gesamten Spektrum ausreichend zuverlässig. Dem *spread-spectrum*-Verfahren ist daher eine große Zukunft beschieden, zumal allgemein die Auffassung besteht, daß hierbei das vorhandene Frequenzband vollständiger ausgenutzt wird als bei herkömmlichen Funk-Übertragungsverfahren.

7 Literatur

Jünemann, R. (1989): Materialfluß und Logistik, Systemtechnische Grundlagen mit Praxisbeispielen, Berlin/Heidelberg/New York

VDI 2510 (1990): Fahrerlose Transportsysteme, VDI-Gesellschaft Fördertechnik, Materialfluß, Logistik, 3/90, Düsseldorf

Gebhard, H. (1991): Beitrag zur Gestaltung leiterloser Datenübertragungssysteme in der Materialflußtechnik am Beispiel eines Infrarot-Systems, Diss. Universität Dortmund

industronic (o.J.): Firmenschrift der Industrie-Electronic GmbH & Co. KG., Wertheim

Köbbing, H. (1989): Datenübertragung. Vorsprung durch Infrarot, p & t packung und transport 21, 4/89, S. 40-41

Voll-Electronic GmbH (o.J.): Firmenschrift, Haßfurt

Spearing, P. (1991): Development considerations for cableless date communication using spread spectrum technology, Vortrag auf der Tagung SCANTECH '91 Düsseldorf

mios (1992): Firmenschrift der Firma mios (mobile informations online systeme GmbH), Berlin

theimeg (o.J.): Firmenschrift der Firma theimeg Elektronikgeräte GmbH & Co., Viersen

Dietmar Reinert
BIA - Berufsgenossenschaftliches Institut für Arbeitssicherheit,
Sankt Augustin

Können neuartige, berührungslos wirkende Sensoren den Auffahrschutz an fahrerlosen Transportfahrzeugen (FTF) gewährleisten?

1 Problemstellung

Das Berufsgenossenschaftliche Institut für Arbeitssicherheit (BIA) untersucht seit 1989 im Rahmen eines Forschungsprojektes für den Fachausschuß Fördermittel und Lastaufnahmemittel den Auffahrschutz an fahrerlosen Transportfahrzeugen (FTF). Der Auffahrschutz wird heute noch weitgehend durch sogenannte Schaltpuffer gewährleistet, die das Fahrzeug bei einer Kollision mit einer Person stillsetzen. Bei der Kollision werden im Schaltpuffer in der Regel mechanische Schaltelemente betätigt, die das FTF auch bei Fehlern in der Fahrzeugsteuerung direkt über einen sogenannten NOTAUS-Kreis stillsetzen. Um die Verfügbarkeit ihrer Anlagen zu erhöhen, bauen einige Hersteller vorausschauende, berührungslos wirkende Auffahrschutzvorrichtungen in ihre FTF ein. Diese Schutzeinrichtungen können eine Person über Ultraschall oder über Lichtimpulse noch vor einer Kollision erkennen und modifiziert (z.B. durch Ausweichmanöver bei reduzierter Geschwindigkeit) reagieren. Sie ermöglichen es der Person auszuweichen, bevor es zu einer Kollision kommt und verringern Stillstandzeiten beim FTF.

Das BIA hatte sich bei den zuletzt genannten Systemen mit der Frage auseinanderzusetzen, inwieweit sie die gleiche Sicherheit wie die konventionellen Auffahrschutzvorrichtungen gewährleisten.

2 Vorgehensweise im Labor

Bei den Ultraschallsensoren benötigt man mehrere voneinander unabhängige Detektoren, um den Bereich vor dem Fahrzeug lückenlos zu erfassen. Alle Sensoren senden in bestimmten Zeitabständen, die von der maximal gewünschten Reichweite des Tastsystemes abhängen, Schallimpulse aus. Eine Person, die sich, je nach System, in einem Abstand von maximal 2 bis 6 m vor dem Fahrzeug befindet, reflektiert ein Echo des ausgesendeten Druckimpulses, das wiederum von der Sensoreinrichtung empfangen werden kann (Abb. 1). Bei den im BIA untersuchten Systemen wird das Fahrzeug immer dann, wenn ein

Echo empfangen wird (d.h. ein Objekt detektiert wird), in Schleichgeschwindigkeit gesetzt. Ein sehr dünner Schaumstoffbumper (55mm Dicke) reicht aus, das Fahrzeug bei einer Kollision mit dem Objekt aus der Schleichgeschwindigkeit stillzusetzen. Findet keine Kollision statt, und verschwindet das Objekt wieder aus dem Detektionsbereich des Fahrzeuges, ist es möglich, wieder auf Normalgeschwindigkeit zu beschleunigen.

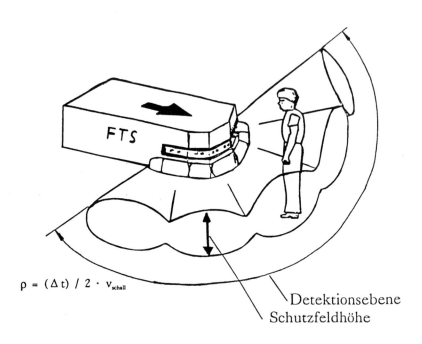

$\rho = (\Delta t) / 2 \cdot v_{schall}$

Detektionsebene
Schutzfeldhöhe

Abb. 1: Auffahrschutz an fahrerlosen Transportfahrzeugen durch Ultraschallsensoren

Während man bei den Ultraschallschutzsystemen schon über Felderfahrungen aus anderen Bereichen verfügt (Rückraumwarneinrichtungen an Nutzfahrzeugen; verg. DIN 75031) liegen mit Lichtscannern, d.h. mit Systemen, die die Ebene vor dem Fahrzeug mit Hilfe eines in der Horizontalen rotierenden Lichtstrahles abtasten (Abb. 2), im Bereich des Arbeitsschutzes noch keine Erfahrungen vor.

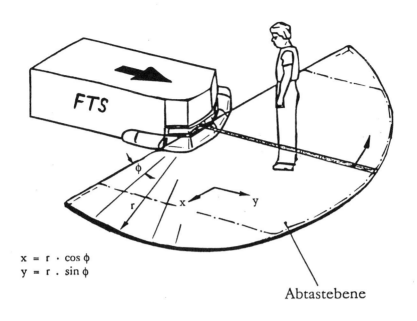

$x = r \cdot \cos \phi$
$y = r \cdot \sin \phi$

Abtastebene

Abb. 2: Auffahrschutz an fahrerlosen Transportfahrzeugen durch Laserscanner

Bei den Lichtscannern untersucht das BIA derzeit Systeme, die entweder nach dem Triangulationsverfahren oder nach dem Lichtecho-Verfahren die Position eines Objektes in der horizontalen Ebene vor dem FTF ermitteln. Auch diese Systeme sind ganz analog zu den Ultraschallsensoren darauf angewiesen, daß das zu erfassende Objekt einen ausreichenden Lichtreflex an das Empfangselement der Schutzeinrichtung zurückwirft. Da die Lichtscanner eine mehr oder weniger genaue Positionsbestimmung des Objektes im zweidimensionalen Raum ermöglichen, bietet es sich an, den Schutzbereich, der vom Auffahrschutzsystem überwacht wird, durch Mikroprozessortechnik an das jeweilige Fahrzeug bzw. die örtlichen Gegebenheiten anzupassen (Abb. 2).

Sowohl bei Ultraschall wie auch bei Lichttastersystemen müssen die Schwachstellen des Meßprinzips, der Signalauswertung und der Einbindung in die Fahrzeugsteuerung untersucht werden. Die Schwachstellen des Meßprinzips resultieren im wesentlichen daraus, daß das Schutzsystem für die Erkennung einer Person auf ein Reflektionssignal angewiesen ist. Bleibt dieses Signal aus, weil die Person absorbierende Kleidungsstücke trägt, sich zu nah vor dem

Detektor befindet, oder der Detektor selbst durch Verschmutzung, Vereisung, Betauung, Manipulation oder Luftturbulenzen kein Echo mehr empfangen kann, so ist ein Unfall vorprogrammiert. Durch zahlreiche Maßnahmen versucht man, diese Systeme für den Routinebetrieb sicher zu machen. Die Tabelle in Abb. 3 listet die Schwachstellen dieser neuen Sensoren auf.

Art	Ultraschall	Lichttaster
Meßprinzip	Totzone	Ungenauigkeitszone
	Geometrieveränderungen	
	Verschmutzungen	
	Vereisung	Betauung
	Manipulation	
	absorbierende Medien	
	geneigte Reflektoren	
	Objektform	
	Objektfläche	
	Störimpulse	Fremdlicht
	Luftturbulenzen	-
	-	Empfindlichkeitsanpassung Sender/Empfänger
Auswertung	-	Entfernungsmessung
	-	Koordinatentransf.
	Überbrückung	
	Funktionsüberwachung Sensor	

Abb. 3: Schwachstellen der neuen Techniken

Die Tabelle in Abb. 4 liefert ein erstes Ergebnis unserer Untersuchungen.

Schwachpunkte	Maßnahmen
Totzone, Ungenauigkeiten Manipulation	Zurückversetzen des Sensors
Geometrieveränderungen	Verstiften, Verschweißen
Verschmutzungen, Betauung, Vereisung	Testhindernis oder Referenzsensoren
absorbierende Medien geneigte Reflektoren Objektform Objektfläche Empfindlichkeitsanpassung Sender/Empfänger	Mindestdetektion über einen definierten Probekörper
Störimpulse, Fremdlicht	Mittelung, Öffnungswinkel
Entfernungsmessung Koordinatentransformation	Testhindernis
Überbrückung	reduzierte Geschwindigkeit Redundanz, Zwangsöffner
Funktionsüberwachung Sensor	Referenzsensor, Testhindernis, Zwangstestung

Abb. 4: Mögliche Maßnahmen gegen die Schwachstellen der neuen Techniken

Durch zahlreiche Maßnahmen, die in der rechten Spalte aufgelistet sind, versucht man, diese Systeme für den Routinebetrieb sicher zu machen. Dazu gehören einfache konstruktive Maßnahmen, wie das Zurückversetzen des Sensors in die Fahrzeugwand hinein, um gegen Manipulationen des Tasters in der Totzone und Ungenauigkeiten bei den Messungen im Nahbereich sicher zu werden. Detektionslücken und die Grenzen der Empfindlichkeit können bei solchen Systemen dadurch aufgedeckt werden, daß bei einer Typprüfung der gesamte Detektionsbereich mit einem definierten Probekörper ausgemessen wird. Durch systematische Untersuchungen konnten im BIA für Lichtscanner geeignete Probekörper ermittelt werden. Mit schwarzem Breitcordstoff bespannt reflektieren sie weniger als 2% der auftreffenden Sendeleistung und sind damit hinreichend prüfscharf in Relation zur Praxis.

Trotz der verschiedenen Maßnahmen vor Inbetriebnahme des Schutzsystems müssen die Sensoren auch während des Routinebetriebes auf ihre Funktionssicherheit hin überprüft werden. Dies kann durch definierte Testhindernisse oder zusätzliche Referenzsensoren geschehen. Akustische und optische Störimpulse dagegen müssen durch einen geeigneten Öffnungswinkel und eine intelligente Signalauswertung beherrscht werden. Für die Schutzsysteme, die heute meistens in Mikroprozessortechnik realisiert werden, gilt die generelle Anforderung, daß sich auch Bauteilausfälle in der Auswerteschaltung frühzeitig bemerkbar machen müssen, wenn sie die Funktionssicherheit der Sicherheitseinrichtung beeinträchtigen.

Eine sichere Verbindung von Auffahrschutzeinrichtungen und Fahrzeugsteuerung ist dann gewährleistet, wenn der Auffahrschutz übergeordnet zur Steuerung des Fahrzeuges direkt einen Notstopp auslöst. Alternative Möglichkeiten durch eine redundante Verarbeitung des Abschaltsignals sind denkbar und werden auch schon realisiert.

3 Sichere Schutzeinrichtung und Sicherheit

Vor sechs Jahren wurden im BIA Infarotschutzeinrichtungen an Hochregalstaplern für den Einsatz in Schmalgangregallägern untersucht. Auch bei diesen Systemen handelt es sich um berührungslos wirkende Schutzeinrichtungen, die auf den Fahrzeugen montiert werden. Da dem Fahrer von Hochregalstaplern bei der Fahrt durch die engen Gassen eines Schmalgangregallagers sehr häufig die Sicht durch das Ladegut versperrt ist, soll die Infarotschutzeinrichtung Personen, die sich unberechtigterweise in der Gasse aufhalten, detektieren und in diesem Fall das Fahrzeug in den Stillstand setzen. Diese Sensoren reagieren alleine auf die Körperwärme der zu detektierenden Personen. Die inzwischen sechsjährigen Erfahrungen beim Einsatz dieser Systeme zeigen, daß im Betrieb zahlreiche Probleme auftreten, die bei der Laboruntersuchung nicht vorhergesehen werden konnten. So reagieren diese Systeme z.B. auch auf wechselnde Bodentemperaturen in den Gassen und setzen das Fahrzeug in diesem Fall still. Schauen die Detektoren ständig in die beiden Fahrtrichtungen des Fahrzeuges, führen Fahrzeuge, die den Eingang der Gasse kreuzen, ebenfalls zur Abschaltung, obwohl keine Gefahr im Verzug ist. Werden die Detektoren dejustiert oder im laufenden Betrieb beschädigt, so können in den Randbereichen der Gasse keine Personen mehr detektiert werden.

Diese Erfahrungen deuten darauf hin, daß durch eine sichere Schutzeinrichtung nicht schon in jedem Fall die gewünschte Sicherheit erreicht wird. In den Laborversuchen wurden die denkbar ungünstigsten Verhältnisse angenommen. Dies kann dazu führen, daß das FTF sich in der rauhen Industrieumgebung zwar sicher verhält, aber nur eingeschränkt verfügbar ist. Behindert eine Schutzeinrichtung den normalen Arbeitsprozeß, besteht die Gefahr, daß sie im Betrieb überbrückt oder manipuliert wird. Die Akzeptanz der Schutzeinrichtung wird somit zu einem elementaren Bestandteil des Arbeitsschutzes.

4 Fragebogenaktion zu Vorortbeurteilung

Um die Erfahrungen vor Ort für den Auffahrschutz an fahrerlosen Transportfahrzeugen gezielter für die Verbesserung des Gesamtsystems einsetzen zu können, hat das BIA im Auftrag des Fachausschusses Fördermittel und Lastaufnahmemittel und in Zusammenarbeit mit dem Institut für sozialwissenschaftliche Technikforschung einen Fragebogen erarbeitet, der die Erfahrungen mit dem neuen Schutzsystem beleuchten soll. Der Fragebogen wendet sich an die Betreiber von mit moderner Sensorik ausgestatteter FTF. Er stellt Fragen zu den Erfahrungen bei der Einführung des Fahrzeuges wie auch im Routinebetrieb. Der Fragenkatalog ist so ausgelegt, daß er ohne fremde Hilfe ausgefüllt werden kann. Dadurch soll erreicht werden, daß diese Aktion auf einen großen Anwenderkreis ausgedehnt werden kann. Die Aussagefähigkeit der Ergebnisse soll durch den Besuch repräsentativer Anwender nach Abschluß der Befragung überprüft werden. Parallel dazu sollen die Angaben der Hersteller zu Plausibilitätsprüfungen mit herangezogen werden.

5 Ausblick

Von der Auswertung der Befragung wird eine praxisgerechtere Gestaltung unserer Laborversuche und damit eine effizientere Bewertung von Auffahrschutzvorrichtungen mit moderner Sensortechnik an FTF erwartet. Ein Erfolg dieses Pilotvorhabens hätte richtungsweisenden Charakter für die Einführung neuer Technologien in anderen Bereichen des Arbeitsschutzes.

Manfred Schoeller
Schoeller Transportautomation GmbH, Herzogenrath

Neue Möglichkeiten des Fahrerlosen Transports

1 Einleitung

Frei navigierende fahrerlose Transportsysteme (FTS) gewinnen in produzierenden Betrieben immer mehr an Bedeutung. Im folgenden werden verschiedene Organisationsmodelle der Transportsteuerung auf Werkstattebene vorgestellt. Ein wichtiger Bestandteil eines gut organisierten und rationalisierten Materialflusses ist die Integration von Transport- und Pufferlagerverwaltung. Beschrieben werden fahrerlose Transportsysteme in gewachsenen Betrieben. Die Programmierung der Fahrzeuge erfolgt im *teach-in*. An Beispielen wird der Einsatz von Schwerlastfahrzeugen sowie der Betrieb von fahrerlosen Hubfahrzeugen dargestellt und erläutert.

2 Lieferprogramm

Autonome Systeme: Die Fahrzeuge orientieren sich an der natürlichen Umgebung im Betrieb und an gelegentlichen Wegmarken. Das Layout wird im Rahmen einer Lernfahrt aufgenommen. Die Personensicherung erfolgt berührungslos. Die Fahrzeuge arbeiten in "gewachsenen" Industriebetrieben und in gemischtem Verkehr mit anderen Produktionsteilnehmern. Sie sind durch Mitarbeiter in der Fertigung dezentral steuerbar.

Induktive Systeme: Es handelt sich hierbei um Ein-Draht-Systeme mit Frequenzsteuerungen und Freiflug, die von einer französischen Firma produziert werden. In den letzten zehn Jahren wurden 43 FT-Systeme mit bis zu 45 Fahrzeugen/Anlage ausgeliefert. Sie wurden durch Komplett-Installation im Werk des Herstellers getestet. Programmiert werden die Systeme mit einer in C++ geschriebenen UNIX-Software unter Windows auf PC.

3 Produktionslogistik mit FTS

Die Produktionslogistik mit FTS ermöglicht für den innerbetrieblichen Transport entscheidende Vorzüge, die in der folgenden Aufstellung kurz skizziert werden:

- Verkehrswege bleiben frei: keine Behinderung der Fertigung durch stationäre Transporteinrichtungen
- Weiterverwendung betrieblicher Transporthilfsmittel: Paletten, Gitterboxen, Container, Spulen, Rollen; kein Umstellungsaufwand
- Personalbindung im Transport entfällt: Personalkosten sinken, Mehrschichtbetrieb wird einfacher und sicherer
- Pufferbestände sinken, Material fließt: Transport auf Anforderung statt bei Gelegenheit minimiert "Angstvorräte" und Wartebestände
- Abholung und Bereitstellung sind vernetzbar: Transport zwischen allen Arbeitsplätzen bei wechselnden Transportvolumina; wahlfrei steuerbar
- Transparenz verbessert die Koordination: FTS informiert, wer wo was wann benötigt und fertigstellt
- einfache Anpassung bei Produktionsumstellung: keine Umbauten, FTS folgt den Arbeitsplätzen
- Produktions- und Transportabläufe ändern sich permanent; Flexibilität als Maxime
- fahrerloser Transport organisiert sowohl Material- als auch Informationsfluß.

4 Autonome Fahrerlose Transportsysteme

4.1 Steuerungsebene

Autonome Fahrzeuge haben ein "vegetatives Nervensystem" - vergleichbar dem menschlichen. Es regelt von allein alle lebenswichtigen Funktionen und ist umso effektiver, je weniger wir davon merken. Es handelt sich im Fahrzeug um das Navigationssystem und das Personensicherungssystem.

4.1.1 Navigationssystem

Odometrie: Wir verwenden je nach Fahrwerk und Fahrzeugtyp ein oder zwei Wegmeßräder, ein oder zwei Weg- und Lenkwinkel-Meßräder und einen Richtungssensor.

Orientierung im Raum: Sie dienen der Ausfilterung der odometrischen Positions- und Richtungsfehler.

Orientierung an der natürlichen Umgebung: Im Rahmen der Lernfahrt messen die Fahrzeuge fortlaufend ihren Abstand zu Säulen, Wänden, Maschinen, Geländern usw. an beiden Seiten der Fahrbahn. Diese Abstände werden abgespeichert. Im Arbeitsbetrieb werden entsprechende Messungen durchgeführt und mit den gelernten Abständen verglichen. Hierbei werden laufend die zuletzt durchfahrenen 20 Meter Wegstrecke nach einem *fuzzy-set*-Modell durchgeprüft. Änderungen der Umgebung, z.B. durch herumstehende Paletten, vorbeikommende Personen und ähnliches werden ausgefiltert. Anhand der "wiedererkannten" Umgebung ermitteln die Fahrzeuge ihre Positions- und Richtungsfehler. Es liegt auf der Hand, daß die Positionsgenauigkeit des Fahrzeugs bei diesem Verfahren von der Reproduzierbarkeit der Umgebung der Fahrwege abhängt. Wo Freiflächen überfahren werden müssen oder wo ein präzises Andocken in wechselnder Umgebung erforderlich ist, verwenden wir daher zusätzlich eine

Orientierung an Wegmarken: Im Abstand von 5 - 50m werden Magnetpillen in die Fahrbahn implantiert. Beim Überfahren einer Marke wird ihre Position ermittelt. Vergleiche mit der bei der Lernfahrt abgespeicherten Position erlauben im Arbeitsbetrieb die erforderlichen Positions- und Richtungskorrekturen. Die Verlegung der Magnetpillen erfordert keinerlei Vermessung, sie müssen nur ungefähr auf der Fahrtroute liegen. Das Einbringen in die Fahrbahn für ein Layout von 200m ist nach etwa einer Stunde abgeschlossen.

4.1.2 Personensicherungssystem

Beim Transport in Fahrtrichtung (Abb. 1) sichern wir zweistufig:
- durch eine berührungslose Sonar-Kollisionssicherung bei Normalgeschwindigkeit und
- durch einen Kurzhubbumper bei Schleichgeschwindigkeit.

Die Sonarsicherung ist bisher die einzige berührungslose Personensicherung, die von den Berufsgenossenschaften zugelassen ist. Die Einsatzpraxis hat wesentliche Vorzüge sichtbar gemacht:
- die großvolumigen, verletzlichen Bumper können entfallen
- das Fahrzeug wird deutlich manövrierfähiger, besonders in Kurven
- die Fahrzeuge verhalten sich im Verkehr erheblich rücksichtsvoller. Personenschäden durch Fahrzeuge entfallen
- das Fahrzeug kann Ausweichbewegungen ausführen und unvorhergesehene Hindernisse umlaufen
- die Fahrzeuge werden dadurch insgesamt tauglich für ein Arbeiten im gemischten Verkehr mit anderen Teilnehmern in der Produktion.

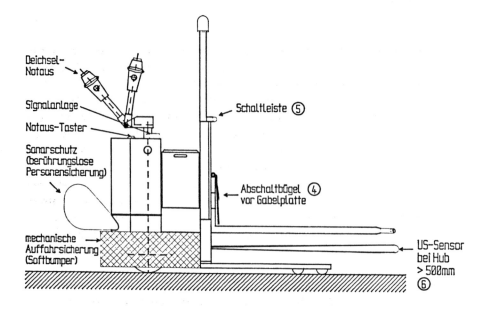
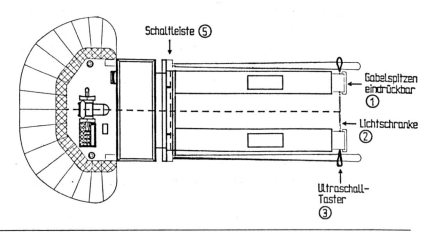

Abb. 1: Personensicherungssystem

Gabelfahrzeuge erfordern eine zusätzliche Personensicherung bei Fahrt in Gabelrichtung. Wir verwenden hier

- eine Sicherungsbarriere in Höhe der Gabelspitzen: Sie schützt insbesondere Personen gegen Kollisionen mit einer aufgenommenen Last auf den Gabeln.
- Sicherungseinrichtungen an der Gabelplatte und am Hubmast: Sie schützen Personen gegen Einklemmungen zwischen Last und Fahrzeug bei der Lastaufnahme.
- Sicherungseinrichtungen unter der Last: Sie schützen Personen ggf. gegen Einklemmung unter der herabfahrenden Last.

Akzeptanz: Aufgrund unserer Betriebserfahrungen sind wir der Überzeugung, daß der berührungslosen Personensicherung die Zukunft gehört. Gerade für den unbeteiligten Mitarbeiter in der Produktion beweist das fahrerlose personengesicherte Fahrzeug, daß es sich ebenso rücksichtsvoll verhält wie ein Gabelstaplerfahrer. Insbesondere in gewachsenen Betriebsstätten auf den normalen Transportwegen sorgt die berührungslose Personensicherung für allgemeine Akzeptanz.

4.2 Einweisungsebene *(teach-in)*

Liegt in der Steuerungsebene sozusagen das "Unterbewußtsein", so enthält die Einweisungsebene alle Lernfunktionen, mit denen die Fahrzeuge auf den individuellen betrieblichen Einsatz eingeschult werden können. In der Tat "lernen" unsere Fahrzeuge:

- auf welchen Transportwegen sie fahren dürfen und sollen
- an welchen Haltepunkten und auf welcher Regalebene Lasten aufgenommen oder abgesetzt werden können
- an welchen Stationen die Fahrzeuge parken oder automatisch ihre Batterie nachladen können
- in welchen Bereichen eine Verkehrsabstimmung mit anderen fahrerlosen Fahrzeugen erfolgen soll
- wo Signale ausgegeben, Tore betätigt, Aufzüge herbeigerufen werden sollen bzw. eine Wartepause eingelegt werden soll.

Die Fahrzeuge lernen etwa dasselbe, was auch ein neu eingestellter Gabelstaplerfahrer lernen muß, bevor er sich auf den Sitz eines Fahrzeugs "schwingen" darf. In diesem Punkt sind wir energisch und konsequent unserer Überzeugung gefolgt: Die Einweisung eines autonomen Fahrzeugs sollte nicht länger dauern und nicht umständlicher sein als die Einweisung eines neuen Staplerfahrers.

Im praktischen Einsatz lassen wir uns vom Anwenderbetrieb die vorgesehenen Transportwege und Haltepositionen zeigen. Wir verlegen dann, wo nötig, Magnetmarken. Anschließend wird ein Fahrzeug auf dem vorgesehenen Wegenetz entlang geführt. Alle im betrieblichen Transport erforderlichen Funktionen werden dabei am Bedienfeld des Fahrzeugs direkt eingegeben:

- Fahrwege, Weggabelungen und -mündungen
- Stationen und Höhen, an denen Lasten aufgenommen oder abgesetzt werden sollen
- ortsgebundene Lastwechselfunktionen

- Haltepunkte, an denen automatisches Batterienachladen, Warten oder Parken erfolgen soll
- Eintritts- und Austrittspunkte an Verkehrskreuzungen
- Strecken mit verminderter Geschwindigkeit
- Aktionspunkte (Toransteuerung, Aufzugansteuerung, Signalansteuerung, Signalgabe durch das Fahrzeug usw.).

Diese "Lernfahrt" wird einmalig durchgeführt. Da die Fahrzeuge vor Auslieferung geeicht werden und sich im Betrieb automatisch nacheichen, sind die Lerndaten auf andere Fahrzeuge wie auch auf den Transportleitrechner übertragbar. Autonome Fahrzeuge, wie wir sie sehen, sollten den Gabelstapler ersetzen können. Einzige Vorausetzung: es liegen geordnete Transportabläufe vor oder können geschaffen werden.

Die notwendige Flexibilität erreichen wir durch:
- *teach-in:* Aufnahme der Wegstrecken, Andocken und Wendemanöver vor Ort
- einfache Programmierung mit Bedienerführung am Display des Fahrzeugs
- Unempfindlichkeit gegen Unebenheiten, Dehnfugen, Feuchtigkeit, Metall in/auf der Fahrbahn
- umfassende und berührungslose Personensicherung
- intelligente Lastaufnahmesteuerung.

Diese Zielausrichtung macht auch deutlich, weshalb uns eine alternative CAD-Programmierung des Layouts untauglich erscheint. Die komplette Produktion muß hier geodätisch vermessen werden mit allen Hindernissen und Engpässen an den Fahrwegen. Nie befinden sich Hallenpläne auf dem aktuellen Stand der Fertigung! Die Programmierung erfordert CAD-Ingenieure. Jeder Praktiker kann dagegen das Fahrzeug mit der Hand auf dem richtigen Weg durch die Fertigung fahren.

4.3 Kommunikationsebene

Eine Lernfahrt vermittelt dem Fahrzeug, was es darf; aber noch nicht, was es soll. Die Steuerung des Transports erfolgt im Dialog der Disponenten im Betrieb. Hier haben sich folgende Logistik- und Kommunikationsverfahren herausgebildet:

Fahrplanbetrieb: Das Fahrzeug fährt alle möglichen Lastwechselstationen (Abb. 2 u. 3) nach einem vorgegebenen Fahrplan periodisch an. In der Nähe einer Maschine, an der ggf. eine Last aufgenommen oder abgesetzt werden soll, hält es an, gibt Signal und wartet ca. eine Minute. Besteht Transportbedarf, so führt der Mitarbeiter vor Ort das Fahrzeug über die Deichsel, nimmt eine Last auf, wo sie gerade steht, oder setzt sie dort ab und bringt das Fahrzeug anschließend zu seinem Aufsetzpunkt zurück. Das Fahrziel wird am Bedienfeld des Fahrzeugs eingegeben. Dieses transportiert die Last dorthin, setzt sie ggf. automatisch ab und kehrt in den Fahrplanbetrieb zurück.

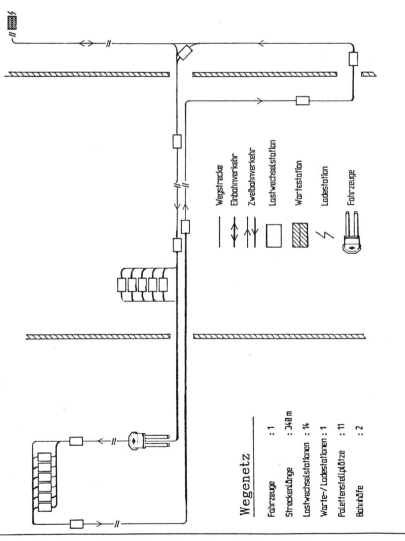

Abb. 2: Duscholux GmbH, Linz/Hörsching (Österreich)

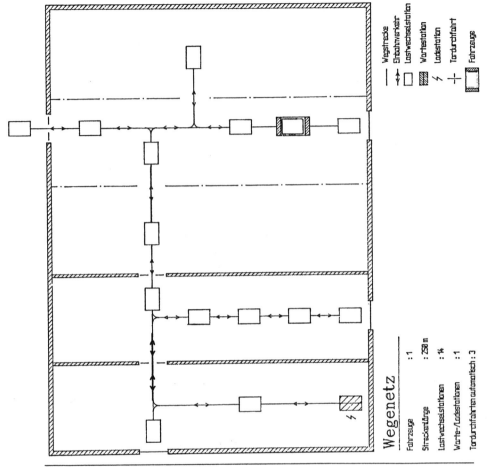

Abb. 3: Bayerische Motorenwerke AG, WZB Werk Eisenach, Krauthausen

Vorteile:

- sehr einfache Installation
- keine stationären Anlagenkomponenten
- handgeführter Lastwechsel erfordert keine Stellplatzordnung in der Fertigung
- regelmäßige Transportzyklen verhindern Stau-Bestände und Angstvorräte: Verminderung der Werkstattbestände, mehr Platz in der Fertigung.

Nachteile:

- niedrige Fahrzeugauslastung
- manueller Eingriff beim Lastwechsel erforderlich.

Rufsteuerung: Hier erhalten alle Bahnhöfe, an denen ggf. Lasten aufgenommen oder abgesetzt werden sollen, ein Rufterminal. Nach Bedarf wird ein leeres Fahrzeug herbeigerufen, eine Last aufgeladen und anschließend das Transportziel eingegeben. Der Transport selbst erfolgt wieder automatisch (Abb. 4).

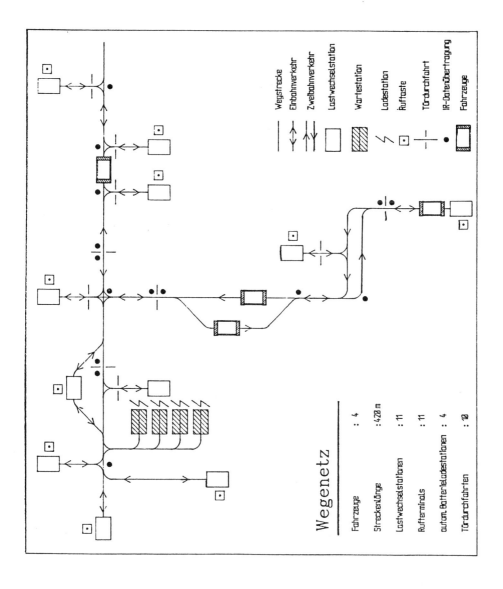

Abb. 4: Hoya Lens Deutschland GmbH, Mönchengladbach

Vorteile:

- höhere Fahrzeugauslastung
- dezentrale Transportsteuerung durch Mitarbeiter in der Fertigung
- geringer Installationsaufwand.

Nachteile:

- nur Push-Betrieb, d.h. FTS sorgt nur für pünktliche Abholung der fertigen Teile, aber noch nicht für pünktliches Herbeischaffen des benötigten Materials (Pull-Betrieb)
- manuelles Be- und Entladen erfordert Eingriffe von Mitarbeitern.

Auftragsteuerung: Hier sind alle Bahnhöfe in der Produktion, an denen ein Lastwechsel stattfinden soll, mit Datenerfassungs-Terminals ausgestattet. Außerdem sind die Stellplätze für Lasten an jedem Bahnhof genau festgelegt (Abb. 5).

Die Fahrzeuge nehmen Lasten automatisch auf und setzen sie automatisch ab. An den Terminals wird jeweils eingegeben, an welchem Stellplatz in einem Bahnhof eine Last aufgenommen und zu welchem Bahnhof sie transportiert werden soll. Die Stellplatzverwaltung im System kennt die verfügbaren freien Stellplätze im Zielbahnhof (Beispiele: Alcatel, Stadthagen; Dura-Tufting GmbH, Großenlüder).

Vorteile:

- keine manuellen Eingriffe erforderlich
- pünktliche Materialabholung und pünktliche Bereitstellung (Push- und Pull-Betrieb)
- gute Fahrzeugnutzung
- Verminderung der Werkstattbestände
- Verkürzung der Durchlaufzeiten
- dezentrale Transportsteuerung durch Mitarbeiter in der Fertigung möglich.

Nachteile:

- definierte Stellplatzorganisation in der Fertigung notwendig (Ordnung!)
- Eingabe von "Hol-Ziel" und "Bring-Ziel" am Terminal erforderlich
- Koordination Von-Nach-Transport.

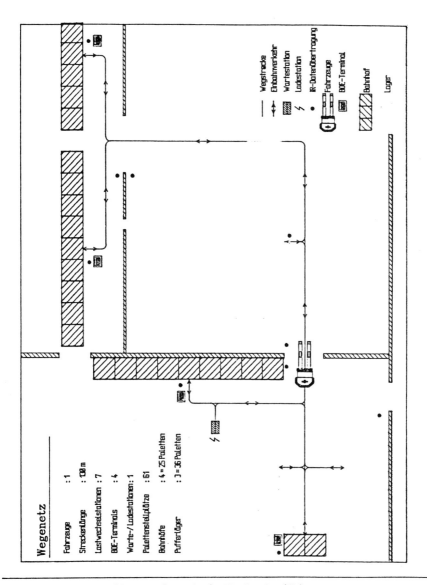

Abb. 5: Dura-Tufting GmbH, Werk II, Großenlüder

Auftragsteuerung mit Pufferlagerverwaltung: Nicht immer ist in der Vorfertigung gerade verfügbar, was die Weiterverarbeitung benötigt. Ebensowenig ist in der Weiterverarbeitung stets gerade Platz für alles, was die Vorverarbeitung abtransportiert haben will. Häufig benötigt also die Verkettung der Verarbeitungsstufen eine Zwischenlagerung. Die entsprechenden Pufferlager nehmen Produktionsmengen der

Vorverarbeitung auf, wenn die Weiterverarbeitung gerade umrüstet, wenn sie kürzere Arbeitszeiten hat usw. Entsprechend benötigt die Weiterverarbeitung Pufferlagerbestände, wenn die Vorverarbeitung ihrerseits umrüstet, in anderen Serienmengen produziert etc. In diesem Fall übernimmt das FT-System Transport und Pufferlagerverwaltung zugleich. An den Terminals wird lediglich noch eingegeben, wenn eine Last abgeholt oder wenn ein Artikel benötigt wird. Der Absender muß nicht mehr zugleich den Empfänger, der Empfänger muß nicht mehr zugleich den Absender vorgeben. Fehlt für einen Artikel der Empfänger, so wird er in das Zwischenlager eingestellt. Fehlt der Absender, so wird der Artikel aus dem Zwischenlager entnommen.

Vorteile:

- vollautomatische Verkettung zwischen Fertigungsstufen
- Minimierung der Werkstattbestände und Durchlaufzeiten
- dezentrale Transportsteuerung möglich
- Ausbaufähigkeit zur Betriebsdatenerfassung und Fertigungssteuerung
- umfassende Information der zentralen Disponenten über Werkstattbestände, Fertigungsfortschritt und Pufferbestände fallen automatisch an
- globale Eingriffsmöglichkeiten der Fertigungssteuerung.

Nachteile:

- definierte Stellplatz- und Pufferlager-Organisation erforderlich.

Steuerungsstrategien: Produktionsplanungssysteme haben gezeigt: zentrale Steuerung erfordert einen hohen Organisationsgrad in der Fertigungsrückmeldung. *Lean-production* mit dezentraler Steuerung hat bessere Chancen. Auftragssteuerung mit oder ohne Pufferlagerverwaltung schließt hier eine Informationslücke, die manueller Transport stets offen gelassen hat. Es wird transparent, wo wann was lagert und fließt; Disponenten erhalten Durchblick und Eingriffsmöglichkeiten. Transportbewegungen spiegeln den Fertigungsfortschritt. Die Transportauftragsverwaltung, obgleich dezentral auf Werkstattebene gesteuert, liefert eben dadurch dem zentralen Disponenten ein getreues Abbild des Produktionsfortschritts. Unser Transportleitrechner verwaltet zu diesem Zweck alle Transportanforderungen und -rückmeldungen, Mengen, Lagerbestände und Störungen in einer zentralen Datenbank. Ein Disponent wie auch ein Host-Rechner kann auf diese Datenbestände zurückgreifen und sie sinnvoll auswerten.

4.4 Service-Ebene

Wartungsfähigkeit ist die Visitenkarte eines FT-Systems. Diese "Achillesferse" konventioneller FT-Systeme kann u.E. nur auf zwei Arten befriedigend funktionieren:

- bei leitspurgeführten Fahrzeugen mit ihren unübersehbaren Komponenten durch eine komplette Testinstallation im Werk des Herstellers
- bei autonomen Systemen durch eine offene Steuerungsarchitektur, umfangreiche Autodiagnose sowie ein Ferndiagnose-System.

Offene Steuerungsarchitektur: In unseren Fahrzeugen werden soweit wie möglich marktgängige Komponenten eingesetzt: Rechnermodul, IO-Karten, Antriebssteuerungen, alle Sensoren der Personensicherung und - soweit am Markt verfügbar - der Navigation, schließlich auch die Fahrzeuge selbst.

Austauschbarkeit: Störfallbehebung durch den Anwender selbst scheitert häufig bereits an mangelnder Transparenz der Hardware. Es fehlt sorgfältige Dokumentation, die Verdrahtung ist unübersichtlich und die Fehlersuche erfordert Spezial-Know-how. Die komplette interne Verdrahtung der Steuerung unserer Fahrzeuge ist daher in Einschubkarten *(wiring boards)* verlagert. Von den einzelnen Peripheriekomponenten (Sensoren, Schalter, Bedienfeld, Sicherungseinrichtungen, Signaleinrichtungen usw.) führt ein direktes Kabel zu einer Steckerplatine am Bord-Rechner. Im Störungsfall genügt der Austausch einer Einschubkarte im Steuerungsrack oder der Austausch einer Peripherieeinheit durch einfaches Steckerziehen.

Diagnosesysteme: Die Software im Bord-Rechner verwaltet *tracing*-Datenbestände, die eine Rückverfolgung der Entstehung einer Störung gestatten. Die Datenverarbeitung ist stark modularisiert und objektorientiert strukturiert. *Message-passing* und *-storing* gestattet ein Fehler*tracing* auch im Verarbeitungsablauf.

In Bezug auf die *Störungsdiagnose* sind folgende Anforderungen zu definieren:

- Eine sorgfältige Bedienerführung am Display des Fahrzeugs soll bereits in der Einweisungsfahrt, bei der Lernfahrt ebenso beim

Arbeitsbetrieb und schließlich bei der Diagnose einfacher Störungen das Personal des Anwenders unterstützen.

- Ein Service-Terminal soll an das Fahrzeug angeschlossen werden. Alle diagnoseunterstützenden Daten, Auswertungen und Diagnoseroutinen sind im Bord-Rechner zur Verfügung zu halten.

Fernbetreuung: Über ein Modem ist es möglich, von unserem Hause aus direkt Datenverbindung zu dem Transportleitrechner sowie zu den Bordrechnern der Fahrzeuge aufnehmen. Der Service-Ingenieur bei uns im Hause schaltet sich an seinem Bildschirm in das System des Kunden so ein, als wäre er beim Kunden vor Ort.

Funktionsstatistik: Der Transportleitrechner und in wachsenden Umfang auch die Fahrzeuge sollen Statistikdaten verwalten, die eine Optimierung des Systems ermöglichen. Insbesondere können so Wartezeiten an Kreuzungen, Wartezeiten an Bahnhöfen, Notaus-Vorfälle, Ladezustände, Betriebsstunden usw. abgefragt und statistisch ausgewertet werden.

4.5 Fahrwerk

Es sind Fahrwerke mit zwei Freiheitsgraden, d.h. mit einer starren Achse verfügbar. Ebenso können Fahrwerke mit drei Freiheitsgraden, d.h. für Schrägfahrt und für Orthogonal-Fahrt verwirklicht werden. Stets ist Vorwärts- und Rückwärtsfahrt möglich. Die erreichbare Positioniergenauigkeit beträgt im Standardfall ± 10 mm.

5 Neue Optionen in der Produktionslogistik

Der Gabelstapler ist im betrieblichen Zusammenhang ein schwer steuerbares logistisches Medium. Er ist weder dort, wo man ihn braucht, noch ist er gleichmäßig verfügbar, noch liefert er Rückmeldungen, was sich wo und wann befindet, benötigt wird oder abholbereit ist. Mit anderen Worten: Mit manuellem Transport lassen sich Materialverfügbarkeit, Durchlaufzeit und Minderung der Werkstattbestände nicht weiter verbessern.

Leitdrahtgeführte FT-Systeme, Elektro-Hängebahnen und ähnliches eignen sich andererseits nicht in Betrieben mit einer flexiblen schlanken Produktion, schon gar nicht bei gelegentlichen Produktionsumstellungen. Die Vorteile der genannten Systeme sind bekannt, aber ausgeschöpft.

Autonome fahrerlose Transportsysteme eröffnen neuerdings auch dem flexiblen, schlanken Produktionsbetrieb die Vorteile eines automatisierten und gesteuerten Transports. Hochentwickelte, praxiserprobte Gabelhubfahrzeuge eröffnen sogar zusätzliche Möglichkeiten, z.B. die Lastaufnahme vom Boden, Flächenlagerung, Pufferlagerverwaltung, direkte Lastaufnahme/-abgabe an Rollgangkopfstationen usw. Nach Realisierung mehrerer Projekte dürfen wir sagen: Der autonome Transport ist reif für fast jeden Einsatz. Eine neue Chance für die Logistiker im Unternehmen!

Michael Florian
Universität Dortmund, Lehrstuhl Technik und Gesellschaft

Vernetzungsrisiken bei der Transportautomatisierung – am Beispiel Fahrerloser Transportsysteme

1 Problemstellung

Schon fast wie selbstverständlich wird heute die Zunahme von industriellen Störungsrisiken auf die wachsende Komplexität und Verkettung von Produktions- und Materialflußsystemen zurückgeführt (vgl. z.B. bei Kühn u.a. 1990: 104, 157, 159). Vieles spricht dafür, daß der Einsatz neuer, vernetzter Informationstechnologien zu einer Problemverschiebung führt, deren Risikopotentiale mit den herkömmlichen Mitteln hoch arbeitsteiliger, auf professioneller Zersplitterung basierender traditioneller "Sicherheitskulturen" nicht mehr befriedigend zu bewältigen sind. Mit abnehmender Standardisierbarkeit und zunehmender Kontextgebundenheit von Vernetzungsrisiken offenbaren sich die Grenzen einer ausschließlich sicherheitstechnisch oder normativ ausgerichteten Risikobewältigungskonzeption (vgl. Florian 1993a). Ein hoher Aufwand an Sicherheitstechnik kann zu einem abnehmenden Sicherheitsbewußtsein und schließlich zu einem fahrlässigen Umgang mit verborgenen Gefahren einer scheinbar harmlosen Technik führen (vgl. Hoyos 1992; Florian 1993b).

"Übertriebene" Sicherheitsmaßnahmen, mit denen die Verfügbarkeit einer Technik über ein "akzeptables" Maß hinaus eingeschränkt wird, erhöhen die Systemkomplexität und -intransparenz und werden häufig gerade von jenen unterlaufen, die durch sie eigentlich geschützt werden sollen. An sich begrüßenswerte Erfolge der *Arbeits*sicherheit auf dem Gebiet humaner und sozialverträglicher Gestaltung von Arbeit und Technik können zuweilen zu paradoxen Effekten führen, wenn man sie aus dem Blickwinkel der *Funktions*sicherheit (Verfügbarkeit) oder der *Daten*sicherheit betrachtet. So kann der Fortschritt bei der Nutzungs- und Anwendungsfreundlichkeit informationstechnischer Systeme (Stichworte: Benutzerbeteiligung, Software-Ergonomie, Ausweitung von Zugriffschancen, Vereinfachung von Umgangsweisen, Dezentralisierung, verteilte Intelligenz) zugleich Risiken eines dabei möglicherweise erleichterten Daten*mißbrauchs* erzeugen. Die Entlastung von Routinen durch den Einsatz von Informationstechnik schafft nicht nur Spielräume für eine intelligentere und flexiblere Arbeitsweise der Benutzer, sie erhöht zugleich auch das Risiko "intelligenter" Mißbrauchs- und Manipulationsweisen. Die durch

Informatisierung vermittelte Distanzierung der Akteure von den Prozessen auf der operativen Ebene trägt im Störungsfall zur mangelnden Systemtransparenz bei und kann zu weiterer Verunsicherung führen.

Herkömmliche "Sicherheitskulturen" und traditionelle Risikominimierungsmuster werden durch die informationstechnische Vernetzung überfordert, so meine These, zumal ein klassisches Betätigungsfeld der Arbeitssicherheit - der Unfall - beim Einsatz neuer Technologien nur noch als ein "grobes und problematisches Kriterium für die Beurteilung der Sicherheit eines Arbeitssystems" (Hoyos 1992, 132) gilt. Die "soziokulturelle Vernetzung" aller am Risikomanagement beteiligten Gruppen bleibt üblicherweise hinter den informationstechnischen Vernetzungsmöglichkeiten zurück. Die "Sicherheit" moderner industrieller Arbeitssysteme läßt sich offenbar immer weniger allein auf der operativen Ebene gewährleisten und die bislang voneinander getrennten Aspekte der "Arbeitssicherheit", "Funktionssicherheit" und "Datensicherheit" müssen stärker integrativ aus der Perspektive der "*Systemsicherheit*" (vgl. Florian 1990, 1993a; Hoyos 1992) betrachtet werden.

Im folgenden Beitrag sollen am Beispiel "*Fahrerloser Transportsysteme*" (FTS) Vernetzungsrisiken bei der Transportautomatisierung aufgezeigt werden. Vor dem Hintergrund einer empirischen Untersuchung von Innovationschancen und -risiken Fahrerloser Transportsysteme[1] sollen zunächst Risiken "kultureller Kollisionen" bei der Automatisierung des innerbetrieblichen Transports deutlich gemacht werden (Kapitel 2). Anschließend wird der Frage nach dem sicherheitsrelevanten Beitrag des normativen Regelwerkes nachgegangen und dafür plädiert, daß die Sicherheit vernetzter Transportsysteme eine produktive "Risikokommunikation" und fruchtbare Zusammenarbeit zwischen unterschiedlichen Berufsgruppen und Professionen, zwi-

---

1 Unsere empirischen Befunde wurden aus insgesamt 21 leitfadenstrukturierten Expertengesprächen gewonnen, die im Rahmen von Fallstudien bei fünf FTS-Herstellern (6 Interviews mit Abteilungsleitern bzw. Technischen Leitern) und drei FTS-Betreibern (9 Interviews bei einem mittelständischen Hersteller von Sanitärzubehör sowie mit Abteilungsleitern und Ingenieuren zweier Automobilwerke) sowie in Gesprächen mit Vertretern der Berufsgenossenschaft und mit wissenschaftlichen Fachleuten erhoben wurden. Die Untersuchungen sind im Rahmen eines Forschungsprojektes zur "Sicherheit informationstechnischer Systeme" durchgeführt worden, das vom BMFT (Programm "Arbeit und Technik", Förderkennzeichen 01HG0103) von April 1989 bis Oktober 1992 gefördert worden ist.

schen einzelnen Abteilungen und nicht zuletzt zwischen allen am *Gestaltungsprozeß* informations*sozio*technischer Systeme direkt Beteiligten (FTS-Hersteller, Betreiber und Aufsichtsdienste) erfordert (Kapitel 3).

2 "Sicherheitskulturen" und "kulturelle Kollisionen" bei der Automatisierung des innerbetrieblichen Transports

Wenn "Sicherheit" die Eigenschaft eines Systems ist, durch die "die *als bedeutsam angesehenen Bedrohungen*, die sich gegen schützenswerte Güter richten, durch besondere *Maßnahmen* so weit ausgeschlossen sind, daß das verbleibende Risiko *akzeptiert* wird" (Steinacker 1992; Hervorhebungen M. F.), dann finden *alle* Sicherungsprozesse auf der Grundlage soziokultureller Interpretations- und Bewertungsvorgänge statt. Die Bezugspunkte des technischen, normativen und handlungsbezogenen Risikomanagements sind deshalb grundsätzlich

- erstens Vorgänge der *Bewertung* von (Un)Sicherheiten und Gefahren, von Chancen und Risiken, d.h. die Festlegung schützenswerter Güter und die Interpretation potentieller Gefahren als Bedrohungen oder Herausforderungen,

- zweitens Versuche der *Bewältigung* von Gefahren und Risiken durch Eingrenzung der erfolgversprechenden Maßnahmen gegen (an)erkannte Bedrohungen und

- drittens Vorgänge der *Billigung* ("Akzeptanz") sogenannter "Restrisiken", die keiner "sinnvollen" Bewältigungsmaßnahme zuführbar sind.

Unter "Sicherheitskulturen" verstehen wir ein historisch überliefertes System von Bedeutungen, Sinn- und Wertvorstellungen, Verhaltensnormen sowie Denk- und Handlungspraktiken, das aus dem kollektiven Umgang mit Unsicherheiten, Gefahren und Risiken einer sozialen Gruppierung resultiert (vgl. Florian 1993a: 49ff.). In "Sicherheitskulturen" kommen die – sich von anderen sozialen Gruppen unterscheidenden – praktischen Formen der Realitätswahrnehmung und -bewältigung zum Ausdruck, die dazu dienen, in einer bestimmten sozialen Gemeinschaft oder Gruppierung sicherheitsrelevante Wahrnehmungsmuster, Bewertungsstile und Wissensbestände sowie Handlungspraktiken und Artefakte zu erzeugen, mitzuteilen, zu erhalten und weiterzuentwickeln. In Arbeitsorganisationen, die sich durch eine hochgradig "organisierte", durch vertikale und laterale Beziehungen geprägte Verarbeitung von Wissen kennzeichnen lassen, ist (Un)Sicherheit ein Resultat sozialer Prozesse, in denen individuelle und kollektive Akteure unterschiedlicher professioneller Teilkulturen aus verschiedenen Abteilungen der Organisation in Zusammenarbeit mit externen Akteuren mehr oder weniger produktiv zusammenwirken. Die (Un)Sicherheit der Informationstechnik in Mensch-Organisation-Technik-Umwelt-Systemen ist somit als Synergie-Effekt eines gelungenen wechselseitigen Zusammenspiels zwischen Menschen, Organisationen und Technik zu verstehen.

Unsere Fallstudien haben gezeigt, daß Innovationsrisiken vor allem bei Konflikten zwischen unterschiedlichen, oft als nicht miteinander vereinbar deklarierten Interessen, Normen und Werten verschiedener "Kulturen" entstehen, deren Risikokommunikation[2], Informationsaustausch und Zusammenarbeit durch Mißverständnisse und fehlende Abstimmungen gekennzeichnet ist (vgl. im folgenden Florian 1993b). Solche *kulturellen* "Kollisionen" können einerseits zwischen einzelnen Professionen, Berufsgruppen oder betrieblichen Fachabteilungen auftreten, was besonders in deren Verhältnis zu den jeweils aus ihrer Sicht "geeigneten" oder "unpassenden" organisatorischen und technischen Problemlösungen zum Ausdruck kommt. Andererseits können auch physische Kollisionen (Unfälle) mit Transportfahrzeugen als "kulturell" erzeugt betrachtet werden, soweit sie auf herkömmlichen, nicht angepaßten Gewohnheiten oder systematischen Fehleinschätzungen und Mißverständnissen der eingesetzten Transporttechnik beruhen (Beispiele vgl. Florian 1993b).

Für die Beschreibung der hierarchischen Steuerungsstruktur von Materialflußsystemen hat sich in der innerbetrieblichen Logistik ein Ebenenmodell durchgesetzt, mit dem sich mindestens drei Steuerungsebenen (mitsamt den ihnen zugeordneten Rechnern) unterscheiden lassen. Gemeint sind die *administrative* Ebene der strategischen Unternehmensführung und -steuerung (Zentralrechner, zentrale Fertigungssteuerung/PPS, zentrale Materialflußverwaltung), die *dispositive* Ebene (bereichsbezogene "Leitrechner" für die Disposition von FTS oder Lager) und die *operative* Ebene (unterlagerte Fahrzeugsteuerungen, lokale Mikrorechner bzw. speicherprogrammierbare Steuerungen). Betrachtet man verschiedene Gestaltungsoptionen, den Menschen im innerbetrieblichen Transport durch automatische Systeme zu ersetzen, so lassen sich im Anschluß an das Drei-Ebenen-Modell *vier*

---

[2] Unter "Risikokommunikation" werden Kommunikationsprozesse verstanden, "die sich auf die Identifizierung, Analyse, Bewertung sowie das Management von Risiken und die dafür notwendigen Interaktionen zwischen den Beteiligten beziehen" (Wiedemann u.a. 1991: 5).

Automatisierungsstufen fahrerloser Transportsysteme unterscheiden (Abb. 1).

Automatisierungs-stufen	operative Ebene: Fahr-betrieb	Last-wechsel	dispositive Ebene: zentrale Zielsteuerung	administrative Ebene: vertikale Vernetzung
manueller Transport	-	-	-	-
operative Teilautomation	+	-	-	-
operative Automationsstufe	+	+	-	-
dispositive Automationsstufe	+	+	+	-
administrative Automationsstufe	+	+	+	+

Abb. 1: *Automatisierungsstufen fahrerloser Transportsysteme*

Auf der ersten Automatisierungsstufe (*operative Teilautomation*) werden nur die manuellen Transportabläufe automatisiert, die unmittelbar mit dem Fahrbetrieb zusammenhängen (z.B. Taxi/Rufsteuerung oder Fahrplanbetrieb, mit oder ohne stationäre Parcourssteuerung), während die Lastaufnahme und -übergabe weiterhin manuell erfolgt (vgl. z.B. Schoeller in diesem Band). Wird ein Rechner eingesetzt, dient er lediglich als Speichermedium für die Optimierung von Transportaufträgen durch den Disponenten (vgl. Schulze/Ollesky 1992: 24). Auf der zweiten Automatisierungsstufe (*operative Automation*) ist neben dem Fahrbetrieb auch der Lastwechsel automatisiert. Bei dezentraler Auftragsteuerung durch Fertigungsmitarbeiter bleibt die Transportautomatisierung auf die operative Ebene begrenzt.

Die dritte Automatisierungsstufe unterscheidet sich dadurch von der vorhergehenden, daß hier die Automatisierung auf der dispositiven Ebene erfolgt (*dispositive Automation*). Der FTS-Betrieb wird hier durch eine zentrale Disposition gesteuert, d.h. die Auftragssteuerung erfolgt üblicherweise über einen zentralen FTS-Leitrechner, der gegebenenfalls eine lose gekoppelte Verbindung der FTS-Steuerung über eine *autonome* Schnittstelle (Dialog-Kopplung) zum Lagerverwaltungsrechner (horizontale Vernetzung) oder zum PPS-System (vertikale Vernetzung) unterhalten kann. Die hier üblicherweise installierte FTS-Leitzentrale ist durch einen Disponenten besetzt, der die Vorschläge des Dispositionsrechners überprüft und bestätigen oder ablehnen kann (vgl. auch Schulze/Ollewsky 1992: 24) und der vor allem in Ausnahmesituationen eine rechnergestützte manuelle Disposition durchführen kann.

Die vierte Automatisierungsstufe wird durch die informationstechnische Integration der FTS-Steuerung in den übergeordneten Rechnerverbund auf der administrativen Ebene vollzogen (*administrative Automation*). Mit der rechnerintegrierten vertikalen Vernetzung (z.B. durch die enge informationstechnische Kopplung zwischen FTS-Leitrechner und PPS-Rechner) ist eine vollautomatische Disposition der Transportaufträge möglich. Die Aufträge werden in dem rechnergestützten Informationssystem erzeugt (z.B. über ein BDE-System) und die Auftragszuordnung wird ausschließlich vom Rechner vorgenommen ("mannlose Leitzentrale", vgl. Schulze/Ollewsky 1992: 24).

Die verschiedenen Steuerungsoptionen fahrerloser Transportsysteme verlangen nach einer differenzierteren Betrachtung der hierarchischen Steuerungsebenen als es die übliche zweidimensionale Einordnung der Vernetzungskonzepte nach den Kriterien von Zentralisierung und Dezentralisierung vorsieht. Je nach der relativen Nähe oder Distanz zu den Abläufen auf der operativen Ebene lassen sich unterschiedliche Varianten "zentraler" und "dezentraler" Steuerung unterscheiden:

- Die Erzeugung und Eingabe der Transportaufträge kann z.B. als zusätzliche Aufgabe vom Fertigungs- bzw. Montagepersonal an *dezentralen* Eingabeterminals übernommen werden, mit dem Risiko von Fehlbedienungen, da die Steuerung neben der genauen Kenntnis der Funktionen der FTS-Anlage und aller ihrer informationstechnischen Verbindungen auch eines Überblicks über alle betrieblichen Abläufe bedarf.

- Alternativ dazu kann die FTS-Auftragssteuerung auch durch ein übergreifendes System zur Betriebsdatenerfassung (BDE) informationstechnisch enger mit dem PPS-System gekoppelt werden, so daß z.B. jeder als fertig gemeldete Arbeitsgang automatisch einen Transportauftrag auslöst. Die FTS-Steuerung ist hierbei auf einer *prozeßfernen, höheren hierarchischen Ebene zentralisiert* (Zentralrechner, PPS-System), die räumlich und sozial vom operativen Geschehen entfernt in einer Beobachterposition oberhalb der Fertigung und Montage verortet ist. Herkömmliche PPS-Systeme sind aber kaum dazu geeignet, dezentralisierte Produktions- und Logistiksysteme optimal zu unterstützen. Schwierigkeiten bereitet ihnen vor allem der Umgang mit Ausnahmesituationen (z.B. Störungen oder Eilaufträge). Die Defizite der älteren PPS-Systeme liegen vor allem darin, daß sie in den operativen Bereichen vorwiegend sequentiell arbeiten und die für die schnelle Regelung von Echtzeitabläufen erforderlichen Rückkopplungen zu schwach ausgeprägt sind (vgl. Pawellek/Hinz 1992: 52; Polzer 1992: 41).

In einem unserer Fallbeispiele ist die FTS-Disposition dagegen als ein eigenständiger flexibler Steuerungsbereich ausgelegt, mit intensiven Kontakten zur administrativen ebenso wie zur operativen Ebene (vgl. Florian 1993b). Die Holaufträge werden durch Belegungssensoren auf den Übergabestationen automatisch erzeugt, während die Bringaufträge dem FTS-Steuerungsrechner am Terminal des FTS-Leitstandes eingegeben werden, damit sie an das nächste freie Fahrzeug übermittelt werden können. Die FTS-Steuerung erfolgt hier *zentral*, aber zugleich *operationsnah* durch einen Disponenten, der die betrieblichen Hintergründe der einzelnen Transportaufträge aufgrund seines praktischen Wissens über die Fertigungs- und Montageabläufe sehr gut kennt und der zugleich über die Kompetenzen zur schnellen und flexiblen Störungsbewältigung verfügt. Der FTS-Leitstand wurde "unten" inmitten des Produktionsgeschehens in unmittelbarer räumlicher und sozialer Nachbarschaft zu den Meistern der Fertigungs- und Montageabteilungen installiert. Durch seine örtliche Präsenz fungiert der Disponent als eine Schnittstelle zwischen Fertigung und Montage auf der operativen Ebene und der Arbeitsvorbereitung und Fertigungssteuerung auf der administrativen. Diese Schnittstellenfunktion ermöglicht schnelle und flexible Abstimmungsleistungen zwischen der operativen Feindisposition der Meister und der zentralen Fertigungssteuerung. Die lose Kopplung zwischen FTS- und PPS-System ist über die Kommunikationsarbeit des Disponenten im FTS-Leitstand vermittelt, der den FTS-Steuerungsrechner und das Terminal zur zentralen Datenverarbeitung bedient und die FTS-Anlage im Störungsfall (z.B. bei Ausfall eines Transportfahrzeugs) sogar *gegen* die dann unangemessene Prioritätensetzung des Systems *optimal* "fahren" muß.

Am Beispiel von Automatisierungsvarianten in der Steuerung von FTS-Anlagen wird deutlich, daß ein Teil der Innovationsrisiken fahrerloser Transportsysteme bereits aus *Strukturierungs*defiziten in der Systemarchitektur resultiert - sobald die spezifische "Logik" eines Subsystems (z.B. eines zentralistisch strukturierten PPS-Systems) zur dominanten Logik des Ganzen erhoben und der Funktionsweise anderer Subsysteme einfach übergestülpt wird, ohne die Besonderheiten der einzelnen Kontextbedingungen dabei angemessen zu berücksichtigen.

Erfahrungen mit Störungen einzelner Systemkomponenten, die wegen einer zu engen Kopplung im Rechnerverbund verschiedener Hierarchieebenen das gesamte System lahmlegen, hat bei vielen FTS-Betreibern dazu geführt, die Lager- und Transportdisposition von dem Zentralrechner abzukoppeln, allerdings ohne dabei das Ziel einer integrierten Informationsverarbeitung aufzugeben. *Flexible* Formen der informationstechnischen Vernetzung (im Sinne einer "flexiblen Kopplung"), die nicht auf die schematische Alternative zwischen zentralen *oder* dezentralen Steuerungsstrukturen festgelegt sind, verlangen nach einer neuen Generation von PPS-Systemen, mit der sich auch Mischformen hybrider Steuerungskonzepte verwirklichen lassen. Bei allem "Optimierungsoptimismus" bleibt die Abstimmung zwischen den zum Teil widersprüchlichen Zielsetzungen von Produktion und Materialfluß - marktgerechte Lieferbereitschaft und hohe Kapazitätsauslastung bei geringen Beständen und kurzen Durchlaufzeiten - auch künftig eine Gratwanderung, die in der betrieblichen Wirklichkeit nicht ohne Konflikte und ein "interkulturelles" Tuning verlaufen wird.

Ein hohes Risikopotential informationstechnischer Innovationen ist besonders dort zu erwarten, wo erstens Defizite in der "Risikokommunikation" zwischen den am Innovationsprozeß beteiligten Akteuren zu einer *nur mangelhaften Abstimmung und Kooperation des Risikomanagements* führen, wo zweitens die einzelnen *Phasen des Innovationsprozesses* zeitlich und räumlich so eng gekoppelt sind, daß zu wenig Spielräume für eine gegenseitige Anpassung von Technik, Organisation und Benutzern vorhanden sind, und wo drittens die Verbindung zwischen unterschiedlichen Subsystemen zu eng gekoppelt ist und die Schnittstellengestaltung für die subsystemübergreifende Kommunikation sich als defizitär erweist oder sogar völlig fehlt.

Die Aufsichtsbehörden haben auf diese Problematik dadurch reagiert, daß sie bereits *entwicklungsbegleitende Prüfverfahren* beim sicherheitstechnischen Einsatz von Mikroprozessoren fordern, statt wie bisher Prüfungen ausschließlich erst am fertigen Baumuster durchzuführen (vgl. Reinert 1992: 35).[3] Nimmt man dieses neue, entwicklungsbe-

---

3 Die sicherheitstechnische Prüfung wirft allerdings dort Probleme auf, wo lediglich eine auf einzelne Komponenten bezogene Betrachtungsweise gefordert wird (vgl. die DIN Vornorm DIN 19250 "Grundlegende Sicherheitsbetrachtungen für MSR-Schutzeinrichtungen" 1989: 1). Auch wenn eine strikt analytische Vorgehensweise bei der Sicherheitsprüfung prinzipiell notwendig ist, sagt das Ergebnis noch nichts über den Sicherheitszustand des Ganzen aus,

gleitende Prüfkonzept ernst, so muß die Begleitung der Technikgenese über den unmittelbaren Konstruktionsprozeß hinaus auch die Rückkopplungsprozesse zwischen Hersteller und Betreiber bei der Implementation und Inbetriebnahme in die Sicherheitsbetrachtung miteinbeziehen und die technische Perspektive um verhaltens- und organisationsbezogene Sichtweisen erweitert werden.

Die rechtzeitige und dauerhafte Beteiligung des künftigen Bedienungs-, Wartungs- und Instandhaltungspersonals in das Management der Vermeidung und Beherrschung von Fehlern und Störungen erscheint uns als notwendiger Schritt, um die Fähigkeiten zu operationsnaher Prozeßkontrolle, Fehlerdiagnose und Störungsbeseitigung zu entwickeln bzw. zu erhalten. Aufeinander abgestimmte "Sicherheitskulturen" auf seiten der Hersteller, Betreiber und Sicherheitsdienste wird zugleich zu einer wichtigen Voraussetzung dafür, auf der Grundlage trilateraler Kommunikations- und Verständigungsprozesse zu einer entwicklungsbegleitenden Reduzierung informations-technischer Risiken beizutragen.

Wie die Vergangenheit gezeigt hat, verläuft der Dialog aber nicht immer ohne Konflikte und "kulturelle" Kollisionen. Wegen der Komplexität und Vernetztheit fahrerloser Transportsysteme lassen sich die physischen Kollisionsrisiken nicht mehr ohne weiteres dem Verantwortungsbereich einzelner, voneinander isolierter Akteure zurechnen, wie dies bei bedienergeführten Transportmitteln mit der üblichen Zuweisung der Verantwortung an das Fehlverhalten der Fahrer oder die Fahrlässigkeit der Unfallopfer noch möglich war. Da sich das Verhältnis zwischen FTS-Herstellern und Berufsgenossenschaften oft als etwas gespannt darstellt, soll im folgenden auf Aspekte der "normativen Sicherheit" und auf einige Defizite in der "Risikokommunikation" über fahrerlose Transportsysteme eingegangen werden.

3 Normative Sicherheit und die Defizite der Risikokommmunikation

Von innerbetrieblich erzeugten Risiken einer mangelhaften Kommunikation *über* die Funktionsweise fahrerloser Transportsysteme abgesehen (vgl. Florian 1993b) lassen sich Defizite in der Risikokommunikation auch unternehmensübergreifend vor allem zwischen Herstellern, Betreibern und Aufsichtsdiensten festmachen. Besonders das Verhältnis zwischen FTS-Herstellern und Berufsgenossenschaften

---

wenn diese einzelnen Komponenten zu einem Gesamtsystem integriert werden.

scheint von gewissen Verständigungsbarrieren belastet zu sein, vor allem wenn es um die Entwicklung *neuer* (sicherheits)technischer Problemlösungen geht, z.B. um die berührungslose Personen- und Kollisionsschutzsensorik. Was die Arbeitssicherheit von FTS-Anlagen betrifft, wird den Berufsgenossenschaften von vielen Herstellern ein im Vergleich zu anderen europäischen Ländern "übertriebener" Sicherheitsstandard der deutschen Unfallverhütungsvorschriften (UVV) vorgehalten.

Unterschiedliche *sicherheitskulturelle Leitvorstellungen* auf seiten von Herstellern und Aufsichtsbehörden zeigen sich beispielsweise dort, wo der Sicherheitsstandard fahrerloser Transportsysteme oder automatischer Regalförderzeuge mit fehlenden sicherheitstechnischen Vorrichtungen auf den Bahnhöfen der Bundesbahn verglichen wird. Auch wenn dieser Vergleich auf den ersten Blick als unangemessen erscheint und durchaus polemisch gemeint ist, muß die scheinbare Selbstverständlichkeit, mit der wir bereit sind, fehlende taktile oder berührungslose Bumper an Lokomotiven (übrigens auch an konventionellen Gabelstaplern) und fehlende Absperrungen an Bahnsteigen zu akzeptieren, erst einmal in Frage gestellt werden. Wenn wir die technische Realisierung und den Kostenpunkt einmal beiseite lassen, so ist ein entscheidender Unterschied zu fahrerlosen Transportfahrzeugen im innerbetrieblichen Einsatz der, daß sich Reisende erstens mit einem höheren Maß an Freiwilligkeit einer Gefährdung aussetzen und zweitens, daß sie zweifelsfrei für die eigene Fahrlässigkeit selbst verantwortlich gemacht werden können. Genau dies ist bei *fahrerlosen* Transportsystemen nicht mehr ohne weiteres gegeben.

Bei aller Berechtigung, im Zweifelsfall lieber strenge Sicherheitsvorschriften zur Reduzierung potentieller Unfallgefahren zu erlassen, scheint die Verdrängung des Menschen aus der Führung kraftbetriebener Fahrzeuge eine Sonderbehandlung der fahrerlosen Transportsysteme in Sicherheitsfragen zu provozieren, die sich durch "objektive" Gefahren und Risikopotentiale allein kaum begründen läßt, da es in der Bundesrepublik bislang keine systematischen, vergleichenden Untersuchungen z.B. über die Unfallpotentiale bemannter und fahrerloser Stapler gibt. Unsere These ist, daß es hier in erster Linie um Fragen der gesellschaftlichen *Zurechnung von Verantwortung* geht.

An klassischen Transportmittelunfällen sind die Fahrer und die Gefährdeten in Produktion und Lager als verantwortliche Akteure unmittelbar beteiligt. Kommt beispielsweise ein Mensch zu Schaden, kann das potentielle Versagen der Fahrer mit einer möglichen Fahrlässigkeit des Unfallopfers aufgerechnet werden. Soweit kein technisches Versagen vorliegt, lassen sich bei bedienergeführten Transportsystemen Bedienungsfehler oder Fahrlässigkeit dank des weitgehend transparenten technischen Systems und der langjährigen Erfahrungen mit konventioneller Transporttechnik vergleichsweise einfach identifizieren. Bei den weniger transparenten Ursache-Wirkungs-Zusammenhängen in komplexen, programmgesteuerten Transportsystemen ist dies schwierig, weshalb sich einige Hersteller vor unberechtigten Produkthaftungsansprüchen ihrer Kunden durch den Einsatz von Störungs- und Fehlerdiagnosesystemen abzusichern versuchen. Mit Flugschreibern vergleichbar dient die Rekonstruktion der Abläufe unmittelbar vor einer Störung ("Fehlertracing") dazu, angesichts strategisch gefärbter Erklärungsversuche, Schuld- und Verantwortungszuweisungen zur "Objektivierung" der Fehleridentifizierung beizutragen. Dies gelingt aber nicht immer, weil Fehler nach Aussagen eines FTS-Herstellers ihre "eigene Logik" besitzen.

Wo haftbare Fahrer fehlen, scheint es verständlich, daß sich die betrieblichen Sicherheitsfachkräfte ebenso wie die Aufsichtsbehörden in ihrer Genehmigungspraxis - gewissermaßen als letzte schützende Instanz vor der Kollision - gegenüber potentiellen Schuldzuweisungen absichern wollen und sich durch hohe sicherheitstechnische Standards von dem drohenden Vorwurf vernachlässigter Aufsichtspflichten zu entlasten suchen. Diese Tendenz wird durch die Individualisierung komplexer Anlagen (Unikate) und deren Abnahmepraxis noch verschärft.

Als ein besonderer Problemschwerpunkt werden von Herstellern und Betreibern immer wieder die *mangelnde Aktualität des Regelwerkes* für die Arbeitssicherheit und die wegen fehlender Eindeutigkeit der Bestimmungen meist zahlreichen regionalen und persönlichen *Interpretations- und Ermessensspielräume des Aufsichtspersonals* in Fragen der Genehmigung und Abnahme der Technik beklagt (vgl. auch Kühn u.a. 1990, 165f.). Die mangelnde Aktualität und Eindeutigkeit des sicherheitsrelevanten Regelwerkes kann auch auf der Betreiberseite zu recht eigenwilligen Interpretationen von Unfallverhütungsvorschriften führen. Manchmal bietet dies Anlaß für ein "Schwarzer-Peter-Spiel", bei dem die Entscheidungsverantwortung zwischen Geschäftsführung, Sicherheits- und Materialflußabteilung hin und her geschoben wird, wenn alle sich scheuen, mit ihrer Unterschrift die Verantwortung dafür zu übernehmen, falls doch einmal etwas passieren sollte.

Der *time-lag* zwischen der technischen Neuentwicklung und dem darauf anzuwendenden sicherheitstechnischen Regelwerk ist einerseits auf die vergleichsweise langwierige Verfahrensweise bei der Formulierung von Unfallverhütungsvorschriften zurückzuführen; andererseits tauchen bei der Beurteilung neuartiger Systeme, für die noch keine Regeln existieren, besondere Schwierigkeiten auf, denen man dadurch begegnet, daß je nach Zweckbestimmung vorhandene Regeln vergleichbarer oder ähnlich erscheinender Techniken "sinngemäß" angewendet werden sollen (vgl. Kühn u.a. 1990: 110f., 161). Dies führt jedoch zu einem verhältnismäßig großen Interpretations- und Ermessensspielraum auf seiten der Sachverständigen, der bereits bei der Einordnung und Benennung (Beispiele: Aufzug oder Etagenförderer, Automatikkran oder Portalroboter) des in Frage stehenden Systems beginnt (ebd.: 110f.) und, aufgrund der spezifischen Organisationsstruktur von Berufsgenossenschaft und Gewerbeaufsicht, oft zu den beklagten branchenspezifischen und regionalen Unterschieden in der Genehmigungspraxis führt (vgl. ebd.: 109, 161).

Die Hersteller von integrierten Transport- und Materialflußsystemen werden immer mehr zu Schlüsselfiguren der arbeits- und funktionssicheren Systemgestaltung. Von ihnen müssen frühzeitig bereits in der Entwicklungsphase ihrer Produkte in Zusammenarbeit mit Berufsgenossenschaften, Gewerbeaufsicht und TÜV sowie während der Implementation in enger Zusammenarbeit mit dem Betreiber verstärkt Impulse ausgehen für die systematische "Entwicklung" des sicheren Zusammenspiels zwischen Technik, Organisation und Menschen. Dort, wo die Berufsgenossenschaften bereits in frühen Phasen der Produktinnovation einbezogen werden, gibt es durchaus positive Beispiele für eine intensive Zusammenarbeit zwischen BG und Hersteller über einen längeren Zeitraum. Das organisierte Risikomanagement, die Organisations- und Personalentwicklung sowie die Aufgaben einer angemessenen Benutzerbeteiligung werden unserer Ansicht nach in den kommenden Jahren angesichts der Störanfälligkeit komplexer, informationstechnisch vernetzter Systeme immer stärker zum Bestandteil eines sicherheitsorientierten Produktmanagements und kundennaher Angebotsstrategien auf seiten der FTS-Hersteller werden.

Literatur

DIN Vornorm DIN 19250 "Grundlegende Sicherheitsbetrachtungen für MSR-Schutzeinrichtungen", Januar 1989

Florian, M. (1990): "Vernetzte informationstechnologische Arbeitssysteme" als Gegenstand industriesoziologischer Risikoforschung. Neue Anforderungen an die Methoden oder business as usual? Information & Kommunikation 1/90, Dortmund

Florian, M. (1993a): Vorschläge für einen akteursorientierten Perspektivenwechsel der Sicherheitsforschung in vernetzten Systemen. In: H.-J. Weißbach/A. Poy (Hg.), Risiken informatisierter Produktion. Theoretische und empirische Ansätze. Strategien zur Risikobewältigung, Opladen, S. 33-68

Florian, M. (1993b): "Kulturelle" Kollisionen. Kommunikationsrisiken und Risikokommunikation beim Einsatz Fahrerloser Transportsysteme, in: I. Wagner (Hg.), Kooperative Medien. Informationstechnische Gestaltung moderner Organisationen, Frankfurt/M./New York

Hoyos, C. Graf (1992): Neue Technologien - gewandelte Anforderungen im Umgang mit Gefahren? In: sicher ist sicher H. 3/92, S. 131-136

Kühn, F. M./Littmann, R./Preuß, W./Steinert, W. (1990): Neue Technologien im innerbetrieblichen Materialfluß, Arbeitssicherheit und Arbeitsgestaltung, Köln

Pawellek, G./Hinz, F. (1992): Das Glücksspiel der Fertigungssteuerung. Leitsysteme, in: Logistik Heute 5/92, S. 50-52

Polzer, H. (1992): Flexibler als die Konkurrenz. Zukunftsgerechte PPS-Strategien, in: Logistik Heute 1-2/92, S. 40-41

Reinert, D. (1992): Einsatz von Mikroprozessoren im Bereich des Maschinenschutzes. Über die Möglichkeit der Beurteilung von rechnergesteuerten Systemen mit Sicherheitsaufgaben, in: Die Berufsgenossenschaft, Jan. 92, S. 31-35

Schulze, L./Ollesky, K. (1992): Materialfluß - Menschen und Computer. Leitzentralen für Flurförderzeuge optimieren den innerbetrieblichen Materialfluß, in: Materialfluß und Logistik '92, S. 23-28

Steinacker, A. (1992): Sicherheitsmodelle für informationstechnsiche Systeme - Leitlinien für die Entwicklung? In: Datenschutz und Datensicherheit 1/92, S. 17-21

Wiedemann, P. M./Rohrmann, B./Jungermann, H. (1991): Das Forschungsgebiet "Risiko-Kommunikation", in: H. J./B. R./P. M. W. (Hg.), Risikokontroversen. Konzepte, Konflikte, Kommunikation. Berlin/Heidelberg, S. 1-10

Prozeßleitsysteme und Simulation

Gerhard Lapke
VEBA OEL AG, Gelsenkirchen

Simulator-Training in Raffinerien[1]

1 Umfeld

Moderne chemische Produktionsbetriebe werden in zunehmendem Maße mit digitalen Prozeßleitsystemen ausgerüstet, die die Steuerung von einem Bildschirm aus erlauben. Eine gut ausgebildete Bedienungsmannschaft ist allerdings die Voraussetzung für einen optimalen Betrieb. Das bedeutet auch neue Herausforderungen für die Aus- und Fortbildung, das Training der in dieser Anlage in aller Regel im Wechselschichtdienst eingesetzten Mitarbeiter.

Unsere Anlagenfahrer haben durch ihre Tätigkeit wesentlichen Einfluß auf

- Ausbeute und Qualität der erzeugten Produkte
- Verbrauch an Energie und Hilfsstoffen
- Lebensdauer der Katalysatoren und der Anlage
- Sicherheit der Anlage und des gesamten Betriebes.

Ziel eines jeden Anlagenfahrer-Trainings ist es also, die Anlagenfahrer so zu schulen, daß sie ihre Anlage jederzeit sicher und optimal fahren. Die klassische Art der Anlagenfahrer-Schulung der gesamten Branche bestand bisher im wesentlichen im Lesen von (mehr oder weniger gut verständlichen) Betriebshandbüchern und Betriebsanweisungen sowie der Beschäftigung mit den Rohrleitungs- und Instrumenten-Schemata (R & I) und den Verfahrensfließbildern der Anlage. Weiterhin wurde natürlich versucht, dem Anlagenfahrer die Betriebsphilosophie der Anlage durch Unterweisungen, Schulungskurse und Diskussionen zu erklären, in der Hoffnung, daß es auf mehr oder minder fruchtbaren Boden fallen möge.

Ein entscheidender Nachteil dieser Methode ist, daß ein unerfahrener Anlagenfahrer große Schwierigkeiten hat, die komplizierten Verfahrensschritte der einzelnen Anlagenkomponenten sowie das Zusammenspiel aller Anlagenteile einschließlich der wechselseitigen Abhängigkeit zu erfassen und umzusetzen. Konventionelle Schulungen in

---

[1] Bereits gekürzt erschienen in: Erdöl - Erdgas - Kohle 108 (1992), H. 12, S. 506-510.

Prozeßtechnik, Instrumentierung, Handhabung der Geräte, Sicherheitstechnik usw. haben meistens Einzelaspekte der Anlage zum Inhalt. Eine erheblich größere Bedeutung hat das Ziel, eine Übersicht über das gesamte Anlagengeschehen zu vermitteln; dies können insbesondere dynamische Prozeßsimulatoren leisten, die daher für das Training der Anlagenmannschaft wichtig und notwendig geworden sind.

2   Entwicklung des Simulator-Trainings bei VEBA OEL

1987 wurde bei VEBA OEL der erste Prozeßsimulator installiert, an dem gleichzeitig vier Anlagenfahrer an Standardprogrammen (Rohöldestillaton, Vakuumdestillation, Öfen) trainiert werden können. Der eingesetzte dynamische Prozeßsimlator besteht hardwaremäßig aus einer MicroVax, die über eine Standardtastatur und einen Bildschirm VT 200 gesteuert wird, und vier Trainee-Stationen (bestehend aus je einem Farb-Bildschirm mit Bedientastatur).

Die im Rechner ablaufende Prozeßsimulation beschreibt das dynamische Verhalten von Anlagenteilen mit einem Satz Differentialgleichungen. Diese Gleichungen werden numerisch gelöst und ergeben Durchflußmengen, Drücke, Temperaturen, Tankstände usw. als Funktion der Zeit. Jedes Simulationsmodell basiert auf einem Prozeßschema (Verfahrensfließbild), der Material- und Wärmebilanz und natürlich auch auf Schulungs-/Trainingszielen. Die Programme sind in FORTRAN geschrieben und laufen im Rechner unter dem Betriebssystem VMS.

Diese Simulationsprogramme werden menügeführt über eine spezielle Tastatur gesteuert und bedient. Die Menüs, der Bildschirmaufbau, die Regler- und Fließbilddarstellungen, die Art und Weise, wie von einer Bedienebene zur nächsten und von einer Bildschirmanzeige zur anderen gewechselt wird, entsprechen weitgehend (aber nicht ganz genau) den Arbeitsplätzen der Anlagenfahrer in den Meßwarten.

Mit diesem Simulator wurden im Rahmen der Umstellung von fünf konventionell gesteuerten Anlagen auf Prozeßleitsystem-Steuerung bei gleichzeitiger Konzentration in einer einzigen, neuen Meßwarte ca. 150 Mitarbeiter trainiert. Ziele des Trainings waren:
- Angst vor dem unbekannten neuen System abbauen
- die Mitarbeiter mit den Bildschirmplätzen vertraut machen
- Kennenlernen der Unterschiede und Gemeinsamkeiten zwischen konventioneller und Prozeßleitsteuerung

- Kennenlernen der Funktion des Prozeßleitsystems
- Sicherheit gewinnen im Umgang mit dem "System Bildschirm + Tastatur" durch intensives Üben am Simulator.

Nach Abschluß dieser Trainingsmaßnahme wurde der Simulator längere Zeit für Basis-Trainings von Mitarbeitern eingesetzt, die erstmalig mit einem Prozeßleitsystem konfrontiert wurden. Weiterhin wird der Simulator im Rahmen unserer "Meßwartenschulung" eingesetzt, um spezielle regelungstechnische Probleme anschaulich zu vermitteln, ferner in den Vorbereitungskursen auf die IHK-Abschlußprüfung "Chemikant" (für Umschüler), in denen in einem einwöchigen Praktikum "Prozeßleittechnik" die Theorie der Meß- und Regelungstechnik durch praktische Übungen am Simulator ergänzt und vertieft wird. Alle unsere Chemikanten-Auszubildenden im dritten Ausbildungsjahr absolvieren inzwischen ebenfalls ein einwöchiges Simulator-Training.

Trainings mit erfahrenen Mitarbeitern an diesem Simulator, z.B. für An- und Abfahrvorgänge, Betriebsstörungen und Fehlerdiagnose, haben sich nicht bewährt und wurden wieder eingestellt, da sowohl die Emulation des Prozeßleitsystems (Nachahmung der Funktion eines Prozeßleitsystems durch ein spezielles Programm) als auch die Reduzierung der Verfahrenstechnik in den (stark vereinfachten) Standardprogrammen zu starken Vorbehalten bei diesen Anlagenfahrern geführt hatten.

Für die derzeit im Bau befindliche neue Olefin-Anlage, die im August 1992 in Betrieb gehen soll, wurde deshalb ein "maßgeschneiderter" Prozeßsimulator installiert und Anfang Februar in Betrieb genommen.

3 Der "Olefin IV"-Simulator

Für die Aus- und Fortbildung der Mitarbeiter der neuen Olefin IV-Anlagen wurde in Zusammenarbeit mit der Firma Linde parallel zum Neubau der Anlage ein speziell für diese Anlage geeignetes Trainingsgerät entwickelt und realisiert.

Dieser Simulator besteht aus Original-Komponenten des eingesetzten Prozeßleitsystems, das mit einem Computer gekoppelt ist. In diesem Sumulationsrechner läuft ein "maßgeschneidertes" Programm ab, das in der Lage ist, jeden Anlagenzustand zu jeder Zeit zu simulieren. Auf den vier Bildschirmen (Trainingsplätzen) sind genau die gleichen Fließbilder, Meßstellen, Regler usw. abgebildet wie in der Meßwarte der Anlage.

Da die Arbeitsplätze am Simulator also mit denen der Anlage identisch sind (gleiche Bildschirm-Anzeige, gleiche Tastaturen, gleicher Aufbau der angezeigten Information), ist eine sehr realitätsnahe und praxisgerechte Einarbeitung der Mannschaft in ihre zukünftigen Aufgabenbereiche möglich.

3.1 Die Simulator-Hardware

Die Grundlagen der Simulation sind die Auslegungsdaten der Anlagen. Die Meßwerte werden mittels eines auf einem Simulationsrechner implementierten mathematischen Prozeßmodells errechnet. Diese Meßwerte entsprechen den Eingängen aus der Olefin-Anlage in das Prozeßleitsystem und werden alle fünf Sekunden neu berechnet. Der Austausch der Daten zwischen Simulationsrechner und Prozeßsystem erfolgt über eine serielle Schnittstelle. Es werden ca. 400 Meßwerte/Sek. zwischen den beiden Systemen ausgetauscht. Alle Funktionen der Simulation werden über ein VT-1200-Terminal ausgelöst. Die maskengesteuerte Bildschirmoberfläche führt den Trainer durch die Bedienmenüs. Berücksichtigt werden bei der Berechnung der "Meßwerte" im mathematischen Simulationsmodell die momentanen Reglerausgänge, die Vergangenheit der Simulation und die Dynamik der Anlage.

Das Prozeßleitsystem, das die in der MicroVax errechneten "Meßwerte" übernimmt und umsetzt, besteht aus einer Koordinatorstation, zwei Leitstationen, vier Prozeßstationen, zwei 80 MB-Plattenlaufwerken und vier Bedienplätzen (Bildschirm, Tastatur, Lichtgriffel).

Die Bedien- und Beobachtungsoberfläche entspricht der Konfiguration des PLS für die Olefin-Anlage. Jedes Fließbild, jede Gruppendarstellung und jede Reglerverknüpfung entspricht dem Originalsystem in der Anlage.

Die *Koordinatorstation* ist das Bindeglied zwischem dem PLS und dem Simulationsrechner. Alle für die Simulation erforderlichen Daten werden aus dem PLS über die Koordinatorstation listenweise zur MicroVax übertragen. Die berechneten Anlagedaten werden in umgekehrter Richtung auf Merker in das PLS geschrieben. Die Regelungen in den Prozeßstationen verhalten sich wie Regelkreise mit hardwaremäßigem Prozeßanschluß.

Die beiden *Leitstationen* verbinden je zwei Bildschirme, zwei Tastaturen und zwei Lichtgriffel mit den Funktionen der Prozeßstationen. Alle Darstellungsarten, wie Fließbilder oder MSR-Gruppen, werden von den redundanten Plattenspeichern in die Leitstationen geladen. Für die Bedienung der Funktionen stehen Lichtgriffel, Cursorsteuerung und Funktionstasten zur Verfügung. Auf den zwei 80 MB-Plattenlaufwerken befinden sich alle Systemdaten. Werden Fließbilder, MSR-Gruppen oder Regelparameter verändert, erfolgt die Datensicherung auf beiden Plattenlaufwerken. Die Datensicherung auf externe Datenträger erfolgt über Disketten. In den *Prozeßstationen* werden alle regelungstechnischen Vorgänge durchgeführt. Regelungsparameter, Alarmgrenzen, Funktionen und Verknüpfungen werden in den Arbeitsspeichern der Prozeßstationen abgelegt.

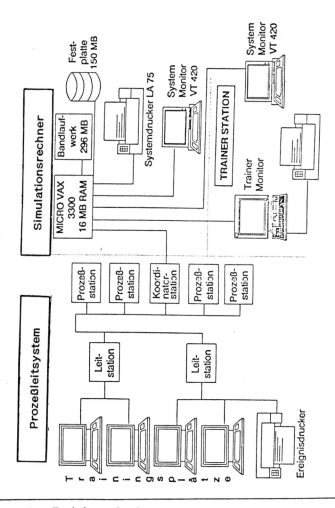

Abb. 1: Operator-Trainings-System

3.2 Die Simulator-Software

Das Simulationsmodell beinhaltet alle wesentlichen Prozeßschritte, beginnend vom Einsatz über den Ofenteil bis hin zu den Endprodukten. Das Simulationsprogramm wurde mit der Programmiersprache FORTRAN entwickelt. Die Prozeßsimulation selbst besteht aus einer Anzahl miteinander gekoppelter dynamischer Modelle. Diese Modelle sind wiederum in aktive logische Simulationselemente (LSE) und passive logische Simulationselemente aufgeteilt. Für alle aktiv simulierten Elemente sind sämtliche Anzeiger und Regler auf dem Prozeßleitsystem analog zur echten Anlage konfiguriert und können deshalb genauso wie im normalen Betrieb bedient werden. Die passiven Elemente dienen nur als Bindeglied zwischen den aktiven Elementen (als Schalter); sie werden nur vereinfacht simuliert. Eine Bedienung wie in der Anlage ist hier nicht möglich. Die Simulationselemente können alle zusammengekoppelt, teilweise gekoppelt oder im *"stand-alone"*-Betrieb, d.h. ohne ein weiteres Element betrieben werden.

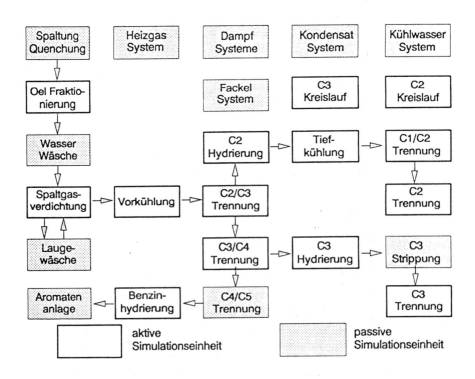

Abb. 2: Blockschema Simulation Olefinanlage IV

4 Simulator-Trainings

Simulator-Tranings können *on-the-job*-Trainings nicht ersetzen, wohl aber ergänzen. Durch das Einüben von grundsätzlichen Bedienungsoperationen am Simulator wird eine Transferfähigkeit entwickelt, die es später ermöglicht, auch komplexe Steuerungen zu beherrschen. Dies ist ein Beitrag dazu, die Mitarbeiter flexibler einsetzen zu können, denn durch ein Simulator-Training kann u.U. die Zeit des *on-the-job*-Trainings wesentlich abgekürzt werden.

In dem Ausmaß, in dem die Anlagen einen immer höheren technischen Standard einnehmen und die Laufzeiten länger werden, also An- und Abfahrsituationen für eine Anlagenmannschaft immer seltener eintreten, wächst die Gefahr, daß

- die Anlagenfahrer nicht mehr die notwendige Übung besitzen, um alle - also auch die nur noch selten vorkommenden - Situationen zu beherrschen
- das Anlagenfahrer-Team mit entsprechendem Know-how durch Fluktuation von "Wissensträgern" einen Know-how-Verlust erfährt.

Diese Lücken können durch Simulator-Trainings (teilweise) geschlossen werden. Wesentliches Übungsziel aller Simulatortrainings ist deshalb eine Verringerung der Wahrscheinlichkeit von Fehlbedienungen in der Realanlage. Jede Art von Training (also auch ein Simulator-Training) muß deshalb durch sorgfältig strukturierte Unterweisungsteile begleitet werden. Ein Anlagenfahrer wird nichts lernen, wenn man ihn nur am Simulator sitzen und "spielen" läßt!

Die Benutzung eines Simulators bietet dem Anlagenfahrer die Möglichkeit, praktische Erfahrungen am Modell zu sammeln, ohne die Produktion zu gefährden. Der Anlagenfahrer kann die Konsequenzen seiner Fehler direkt beobachten. Da es möglich ist, mehrere Simulationsmodelle miteinander zu koppeln und zu vernetzen, können die Folgen von Bedienungsfehlern auch in nachgeschalteten Anlagenteilen beobachtet werden. In einem Prozeßsimulator-Training können die Anlagenfahrer unter annähernd realistischen Bedingungen mit dem dynamischen Verhalten der Anlage bzw. von Anlageteilen vertraut gemacht werden, was zu einer weitgehend angst- und streßfreien Atmosphäre während der Anfahrphase der Anlage beiträgt.

Simulator-Trainings im allgemeinen werden aufgrund der komplexeren Anlagestrukturen zunehmend einen wesentlichen Beitrag dazu leisten, "Gefühl" für Zusammenhänge und gegenseitige Beeinflussungsmöglichkeiten zu erhalten. Typische Anwendungs-/Einsatzbereiche für Prozeßsimulatortrainings sind u.a.

- Kennenlernen von Anlagen-/Prozeßzusammenhängen
- Training von Entscheidungsprozessen
- Fehlerdiagnose
- Training des sparsamen Umgangs mit Energie (Einsparpotential)
- Optimierung der Anlagenfahrweise
- Training von untypischen/selten vorkommenden Ereignissen (An- und Abfahren, Störungen).

Simulatortrainings müssen deshalb für die verschiedenen Zielgruppen individuell geplant und durchgeführt werden:

Mitarbeiter ohne Meßwartenerfahrung
Trainingsinhalte für Anlagenfahrer ohne Meßwartenerfahrung könnten sein: Training des Umgangs mit Reglern, Alarmen usw., Änderung von Parametern oder die Prozeßsimulation zur Erlangung eines "Gefühls" für die Verfahrenszusammenhänge/Verfahrenstechniken (wie reagiert was, wenn...).

Anlagenfahrer mit Meßwartenerfahrung
Mögliche Trainingsinhalte stellen hier das An- und Abfahren von Anlagen, die Simulation kritischer Situationen (wie z.B. defekte Pumpen, Ventile, Regler) oder die Fehlerdiagnose dar.

Mitarbeiter, die fundierte und lange Meßwartenerfahrung besitzen
In diesem Training sollen die Meßwartenfahrer diejenigen Kenntnisse erwerben, die notwendig sind, um Prozeßanlagen in Bezug auf Produktqualität, Ausbeute und Energieeinsparung zu optimieren, um dann diese Kenntnisse am Simulator in Handlungsstrategien praktisch umzusetzen und zu üben.

5 Das Trainingsprogramm für die Olefin-IV-Mannschaft

Der für die Olefin IV-Anlage bestellte Simulator stand ab Ende Januar 1992 für Trainings zur Verfügung. Da die Auslieferung des Simulators ca. fünf Monate vor der Inbetriebnahme der Olefin IV-Anlage erfolgte, war eine angemessene Zeit der Einarbeitung des Personals gegeben.

Aus der Beanspruchung bzw. Belastung der Anlagenfahrer am Arbeitsplatz lassen sich folgende allgemeine Schulungsinhalte ableiten:

Beanspruchung	Prozeßsimulation	Schulungsinhalte
belastend	Störfälle, Alarme	Übung von Alarmstrategien
selten	An-/Abstellen der Anlagen, veränderte Produktionsbedingungen	Vorbereitung, Wiederholung, Auffrischen
sensibel	empfindliche Anlagenteile und Prozesse	Erhöhung von Aufmerksamkeit und Motivation
kompliziert	Anlagenverbund und Folgeregelungen	Vertrautheit und Erfahrung durch Übung

Abb. 3: Zusammenhang von Beanspruchung, Prozeßsimulation und Schulungsinhalt

Durch eine ausführliche Erstschulung und eine regelmäßige Weiterschulung können die wesentlichen möglichen Störfälle trainiert und dadurch potentielle Produktionsausfälle auf ein Minimum reduziert werden. So trainieren wir, wie die Olefin-Anlage angefahren wird, wie sie im Normalfall betrieben wird, wie bei Störungen zu reagieren ist und wie sie wieder sicher abgefahren werden kann.

Wir wollen mit dem Simulator-Training erreichen, daß die Anlagenzusammenhänge kennengelernt werden, daß Bedienungsfehler vermieden werden und daß die Anlagenfahrer die gegenseitige Abhängigkeit der einzelnen Anlagenteile verstehen. Insgesamt soll also "Sicherheit" trainiert werden:

- Sicherheit der Handgriffe - der Anlagenfahrer ist also vertraut mit der Sache, die er macht
- Sicherheit bei der Einstellung der Regelparameter
- Sicherheit dadurch, daß der Anlagenfahrer in Streßsituationen, bei Störungen, nicht den Kopf verliert, sondern die Übersicht behält
- Sicherheit dadurch, daß er Fehler früher und sicherer erkennt und Erfahrungswerte sammelt (z.B. Faulen von Wärmetauschern, defekte Temperaturanzeigen)

■ Sicherheit in dem Sinne, daß Fackelaktivitäten verhindert werden können und so die Umwelt geschont wird.

Im Februar 1992 wurde das Simulatortraining aufgenommen. Zunächst wurden alle Vorarbeiter und Meister für den Einsatz in der Olefin IV-Anlage am Simulator vorbereitet, im Anschluß daran alle Meßwartenfahrer sowie deren Vertreter. Erste Erfahrungen während des Trainings zeigten, daß sich diese Ausbildung gegenüber den ersten Simulatortrainings bei der VEBA OEL seit 1987 wesentlich geändert hat. Grund hierfür ist nicht nur die anlagenspezifische Software (im Vergleich zu der allgemein gehaltenen "alten" Standard-Software), sondern auch die mittlerweile weit verbreitete Ausrüstung der Prozeßanlagen mit digitalen Prozeßleitsystemen. Während ab 1987 eine Hauptaufgabe des Trainings darin bestand, die Mitarbeiter an die neue Technologie heranzuführen, haben die Mitarbeiter der Olefin IV-Anlage schon zu einem großen Teil Erfahrungen mit anderen Prozeßleitsystemen gesammelt. Jüngere Mitarbeiter der Olefin IV-Anlage wurden schon während ihrer Ausbildung an dem alten Simulator trainiert und brachten daher Vorkenntnisse mit.

Neben der Bedienungsoberfläche des Schulungssystems, die die gleiche ist wie in der echten Anlage, ist auch die gesamte Datenbasis für die Regler und die Anzeigegeräte sowohl Bestandteil des Simulators als auch des "echten" Prozeßleitsystems der Anlage. Dieser Punkt ist besonders wichtig für die Akzeptanz des Systems durch den Anlagenfahrer, denn nur so kann realistisch auf den "Ernstfall" vorbereitet werden.

Seit der Inbetriebnahme des Simulators wird in zwei Schichten von 6.00 Uhr bis 22.00 Uhr trainiert, um die Anlagenführer optimal auf den "Tag X", die Inbetriebnahme, vorzubereiten. Die Anlagenfahrer wurden nicht mehr als vier Stunden pro Tag am Simulator eingesetzt, da sich zeigte, daß dann die Grenze der Aufnahmefähigkeit erreicht war. Das Trainingsprogramm haben wir daher generell in fünf Stufen aufgeteilt:

Stufe 1: Intensives "Tastaturtraining"
Hierfür werden einzelne LSEs im *"stand-alone"*-Betrieb simuliert. Dadurch wird ermöglicht, daß an allen vier Bedienplätzen je ein Mitarbeiter für sich allein trainieren kann.

Stufe 2: Fahren der Anlage
Um das Fahren der Anlage zu trainieren, können die LSEs untereinander gekoppelt werden. Durch sinnvolle Koppelung der LSEs kön-

nen voneinander unabhängige Anlagenbereiche gleichzeitig trainiert werden. Solch eine Aufteilung kann sein:

C_2-Hydrierung, Tiefkühlung, C_1/C_2-Trennung, C_2/C_2-Trennung, C_2-Kreislauf

C_3/C_4-Trennung, C_3-Hydrierung, C_3-Strippung,

C_3/C_3-Trennung.

Der Trainer ändert z.B. die Einsatzmengen zur C_2-Hydrierung und zur C_3/C_4-Trennung; nun muß der MA die Anlagenbereiche so fahren, daß diese energetisch günstig sind und spezifikationsgerecht betrieben werden. Um dies zu erreichen, muß der Mitarbeiter u.a. die Kolonnenrückstände und Aufheizungen zurückfahren. Sind alle LSEs miteinander gekoppelt, kann z.B. die Außerbetriebnahme eines Ofens trainiert werden. Neben dem Fahren der Anlage lernen die Mitarbeiter jetzt auch, sich untereinander anforderungsgerecht zu verständigen.

Stufe 3: Kennenlernen von vermaschten und komplexen Regelkreisen
In einigen LSEs können vermaschte Regelkreise detailliert erörtert und anschließend deren Wirkungsweise intensiv trainiert werden. Hierzu gehören Kaskadenregelung, Splitrange-Regelung, "min"- und "max"- Auswahlregelung, Verhältnisregelung sowie eine Verknüpfung dieser Regelungsarten.

Stufe 4: An- und Abfahren einzelner Anlagenbereiche
Die Simulationssoftware ermöglicht das An- und Abfahren von Anlagenteilen, wie den Destillationskolonnen und Hydrierreaktoren. Die Verdichter sowie die Vor- und Tiefkühlung lassen sich nicht an- und abfahren. Daraus ergibt sich, daß eine Simulation des An- und Abfahrens der gesamten Anlage nicht möglich ist.

Stufe 5: Störfalltraining
Mit Hilfe eines Störungsszenarios kann der Ausbilder zu jeder Zeit in den Simulationsablauf eingreifen und eine Betriebsstörung simulieren. Störungsarten können z.B. Fehlfunktionen von Ventilen, Pumpenausfall und Meßwertstörungen sein.

Alle ausgeführten Trainingsprogramme können zu jeder gewünschten Zeit vom Trainer angehalten werden, um dem Mitarbeiter Erklärungen zu geben oder einen Bedienungsfehler zu erklären. Die Simulation kann dann zu einem späteren Zeitpunkt von diesem Zustand aus fortgesetzt werden. Die Möglichkeit des Simulators beschränkt sich aber nicht nur darauf, die Mitarbeiter vor der ersten Inbetriebnahme der Olefin-Anlage effektiv zu schulen. In Zukunft werden sie weitere Trainingsprogramme absolvieren, die aus der konkreten Fahrweise der Anlage abgeleitet werden.

6   Erfahrungen mit dem Olefin-Simulator

Der große Vorteil dieses Schulungssystems liegt in der genauen Abbildung dieser Anlage. Fließbilder, Meßstellen und Regler entsprechen genau der "echten" Anlage. Dieses umfangreiche Simulationsmodell hat aber leider auch einige Schwachstellen. Wegen des notwendigerweise großen Datentransfers zwischen den Hardwarekomponenten sind einige Möglichkeiten des Olefin-Simulators nur beschränkt oder gar nicht möglich, die wir mit dem Autodynamics-Simulator schätzen gelernt haben, wie z.B. Snapshots, Backtrackfunktion, Rampfunktion bei Unfällen, Änderung der Ablaufgeschwindigkeit und Programmwiederholung.

Mit einem *Snapshot* kann ein momentaner Anlagenzustand abgespeichert werden und bei Bedarf wieder aufgerufen werden. Diese Möglichkeit erlaubt es, das Training von diesem Zustand aus zu einem späteren Zeitpunkt fortzuführen.

Die *Backtrackfunktion* des Simulators speichert in einer vorgegebenen Taktfrequenz (z.B. alle drei Minuten) sämtliche aktuellen Parameter. In dem dafür vorgesehen Speicher werden eine bestimmte Anzahl solcher Momentaufnahmen abgelegt. Ist der Speicher voll, so wird die älteste Aufnahme mit den aktuellen Parametern überschrieben. Diese Funktion ermöglicht es dem Ausbilder, einen vergangenen Anlagenzustand wieder aufzurufen, um von dieser Situation aus neu zu starten.

Mit Hilfe eines *Rampblocks* kann der Ausbilder die Veränderung eines Parameters vorprogrammieren und gleichzeitig bestimmmen, wann und wie schnell sich dieser Parameter ändern soll (Beispiel: In fünf Minuten ändert sich ein Druck. Er wird dann über einen Zeitraum von 10 Minuten von 15 auf 20 bar steigen.)

Durch *Änderung der Ablaufgeschwindigkeit* können extrem langsame Parameterveränderungen beschleunigt werden bzw. schnell ablaufende Vorgänge stark verlangsamt werden.

Die *Programmwiederholung* ermöglicht es dem Mitarbeiter (und dem Trainer), sich die verschiedenen Betriebszustände der letzten Stunde erneut anzusehen.

Unter Beachtung der verschiedenen Strukturen der beiden Simulatoren zeigt sich jedoch ein eindeutiger Vorteil zugunsten des anlagenbezogenen Olefin-Simulators. Die Trainingsmöglichkeiten des Olefin-Simulators sollen zukünftig noch wesentlich gesteigert werden, indem die Software mit allen Möglichkeiten der Snapshot- und Backtrackfunktion des "alten" Simulators nachgerüstet wird.

7 Aufgaben eines Simulator-Trainers

Jede Art von Training - also auch ein Simulator-Training - muß von einem Trainer in Form von strukturierten, geplanten Unterweisungsteilen begleitet werden. Die Aufgaben eines Trainers im einzelnen sind z.B.:

- den Mitarbeitern durch ein intensives Tastaturtraining die Umstellung von den konventionell gesteuerten Anlagen auf die digital-gesteuerten Prozeßleitsysteme zu erleichtern
- die neuen Alarmierungs- und Regelungsmöglichkeiten des Prozeßleitsystems (z.B. Sollwertnachführung und Differenzalarme) praxisnah zu erklären
- die Möglichkeiten der Trenddarstellungen aufzuzeigen
- Sicherheit im Umgang mit dem neuen System zu vermitteln und Angst vor dem Unbekannten abzubauen
- insbesondere vermaschte Regelungen und komplizierte verfahrenstechnische Abläufe bestimmter Anlagenbereiche zu erläutern.

Neben der Durchführung des Trainingsprogramms hat der Trainer noch die Aufgabe, die Simulationssoftware auf dem jeweils aktuellen Stand zu halten. Da die Entwicklung der Software bereits vor einem Jahr begann, orientierte sich die Regelstrategie auch an der zu diesem Zeitpunkt aktuellen R-I-Version. Alle in der Anlage durchgeführten Änderungen der Regelstrategie und in den Fließbildern müssen nunmehr vom Trainer erfaßt werden, um anschließend die Simulationssoftware entsprechend zu aktualisieren. Nach Inbetriebnahme der Olefin-Anlage muß die Dynamik der Simulation mit der echten Anlage verglichen werden und - falls erforderlich - an die echte Anlage angeglichen werden. Neben diesem ständigen Vergleich der echten Anlage mit der Simulation muß der Trainer in Zukunft versuchen, in der Anlage auftretende Störungen in der Simulation zu reproduzieren. Somit kann das Verhalten der Anlagenfahrer in dem Sinne trainiert werden, daß Fehler auch für andere Anlagenfahrer (insbesondere in den anderen Schichtgruppen) "nutzbar" gemacht werden.

Daraus ergeben sich folgende Bedingungen, die von einem Simulator-Trainer erfüllt werden müssen:

- Guter Kenntnisstand im Verfahrensbereich und Erfahrung als Operator, und zwar im Meisterbetrieb oder als Betriebsleiter von Prozeßanlagen, d.h. Vertrautheit mit Betriebsabläufen und Sicherheitsbestimmungen
- gute Lehr- und Ausbildungstechniken, Erfahrungen in der Vorbereitung von Lehrmaterial (wie Lehrpläne, Zeittafeln, Ausbildungsunterlagen) und Prüfusverfahren, sowie die Fähigkeit, den Wissensstand der Trainierenden zu erkennen und darauf das Training abzustimmen.

8 Ausblick

Bedingt durch die zunehmende Automatisierung der Anlage müssen die Anlagenfahrer immer weniger in den Prozeß eingreifen. Gleichzeitig wird von ihnen aber verlangt, bei einer auftretenden Betriebsstörung jederzeit schnell, sicher und richtig zu handeln. Um dies dem Mitarbeiter zu erleichtern, soll in Zukunft ein regelmäßiges, intensives Training von Betriebsstörungen durchgeführt werden.

Auch in Zukunft müssen ständig neue Mitarbeiter geschult werden. Der Simulator ermöglicht es nun, die Schulung losgelöst vom Arbeitsablauf in der Anlage durchzuführen. Da die Geräte ausschließlich zu Schulungszwecken genutzt werden können, stören betriebliche Ereignisse den Schulungsablauf nicht. Umgekehrt bedeutet dies natürlich auch, daß in der Meßwarte kein Bildschirm durch die Ausbildung blockiert wird.

Um diese zukünftigen Aufgaben optimal durchführen zu können, besteht die Möglichkeit, die Simulationssoftware laufend der echten Anlage anzupassen, d.h. wenn neue Regler oder gar Leitungen in die Anlage eingebaut werden, kann analog dazu die Simulationssoftware geändert werden. Aufgrund der positiven Erfahrungen, die wir bisher machen konnten, haben wir inzwischen einen weiteren maßgeschneiderten Prozeßsimulator bestellt - für die im Bau befindliche neue FCC-Anlage, die im Sommer 1993 in Betrieb genommen werden soll.

Boris Ludborzs
Berufsgenossenschaft der chemischen Industrie, Heidelberg

Die Bedeutung der Simulation für menschliche Zuverlässigkeit im Umgang mit modernen Prozeßleitsystemen

1 Neue Anforderungen durch moderne Prozeßleitsysteme

In den meisten hochautomatisierten Produktionsanlagen der chemischen Industrie werden möglichst viele Leit- und Steuertätigkeiten in einem Raum konzentriert. Obwohl es auch schon vor mehr als 20 Jahren große "Meßwarten" gab, deren Wände mit sehr vielen Anzeigegeräten und Prozeßschreibern belegt waren, so war doch die Menge der eingehenden Informationen durch die analoge Datenübermittlung und die Möglichkeiten der Meß- und Regeltechnik relativ begrenzt.

Weiterentwicklungen in der Sensorik und der meß- und regeltechnischen Hard- und Software (Digitalisierung, freiprogrammierbare Steuerungen etc.) haben dazu geführt, daß in einem "Leitstand" neueren Datums eine Flut von Basisinformationen, manchmal mehrere tausend einzelne oder in einer Fülle von Gruppierungen, Aggregierungen oder mehr oder weniger komplizierten Verrechnungsschritten, vom dort arbeitenden Menschen (dem "Operator") verarbeitet werden müssen. Der wohl auffälligste Unterschied zwischen einer "Meßwarte" alten Typs und einem Leitstand modernen Typs besteht darin, daß im Extremfall die gesamte sogenannte *back-up*-Instrumentierung verschwunden ist und nur noch Monitore und Tastaturen vorhanden sind. Wenn trotzdem noch an den Wänden oder in den Bildschirmkonsolen Anzeigen oder Prozeßschreiber vorhanden sind, dann hat dies heute in der Regel mit Sicherheitsüberlegungen für den Fall zu tun, daß die Bildschirme ausfallen, aber nichts mit dem Normallauf der Anlage.

Zunehmend häufiger wird auch ein großer Teil der logistischen, technischen und betriebswirtschaftlichen Aufgaben in das Prozeßleitsystem integriert (Rezepturverwaltung, Verwaltung von Einsatzstoffen und Produkten, auftragsorientiertes Berichtswesen etc.). Damit wird dann aus dem Prozeßleitsystem zunehmend ein "Produktionsleitsystem". Auch werden immer öfter EDV-gestützte Analytik von Prozeßabweichungen und Optimierungsmöglichkeiten wie auch sogenannte datenbasisorientierte Expertensysteme in das Leitsystem einbezogen.

Vor allem in den Produktionsbereichen, wo gasförmige oder in den gasförmigen Zustand überführbare Stoffe verarbeitet oder produziert werden, werden zunehmend die Ergebnisse von automatisierten Prozeßanalysegeräten *on-line* in die Prozeßleitsysteme einbezogen. Darauf aufbauend werden den modernsten Prozeßleitsystemen optimierende Steuerungsaufgaben übertragen. Der Mensch hat dann nicht mehr ein System zu betreuen, das auf der Basis von Toleranzwerten arbeitet, sondern eines, das eigenständig versucht, immer neu die jeweils optimalen Einzelparameter anzusteuern.

Der größte Teil der Arbeitszeit des Operators zeichnet sich durch den Normallauf der Anlage aus, häufig begleitet von Unterforderungs- und speziellen Monotonieproblemen (Vigilanz). Zu einem kleinen Teil der Arbeitszeit müssen außergewöhnliche Aufgaben (z.B. Anfahren, Abfahren und Störungsidentifikation und -beseitigung) mit hohen Anforderungen an Qualifikation und Belastungsfähigkeit bewältigt werden. Alle Aktivitäten werden unter hohem Bedeutungsdruck durchgeführt. Immer ist dem Beschäftigten präsent, daß sich auch eine kleine Störung bei nicht angemessenen Gegenmaßnahmen zu teuren Stillstandszeiten, sehr hohen Sachschäden, Störfällen oder Unfällen ausweiten kann. Schon im Normallauf, aber auch ganz besonders bei Betriebsstörungen ist der Operator mit einer Fülle von kommunikativen Anforderungen konfrontiert. Über Sprechfunk, Telefone, Telefax oder automatisierte Datenübertragungssysteme müssen Schnittstellen mit Informationen versorgt und Informationen über die Produktion eingeholt werden.

Es wechseln sich also ereignislose, monotone, unterfordernde Zustände mit Streß- und Überforderungssituationen ab. Dabei ist nicht gesagt, daß mit zunehmendem Automatisierungs- oder auch Modernisierungsgrad auch zwingend die Anforderungen steigen oder fallen müssen. So ist es durchaus möglich, daß sich bei einem Prozeßleitsystem bei einer instabilen Produktion nach Umstellung auf ein selbstoptimierendes System die sehr hohen Anforderungen an den Operator im Normalbereich drastisch reduzieren, ihn sogar unterfordern, weil er kaum noch etwas per Hand steuern muß. Andererseits kann es sein, daß er bei einer Betriebsstörung im Vergleich zu früher sehr ausgeprägten Überforderungszuständen ausgesetzt ist, weil er sich über die hohen Steuerungsanforderungen hinaus auch noch mit dem System der Prozeßanalytik und Optimierung auseinandersetzen muß. Mit dem schon beschriebenen Unterschied zwischen dem Leitstand alten und neuen Typs geht auch die wohl bedeutsamste Anforderungs- und Belastungsveränderung Hand in Hand. Während früher im Rahmen der *back-up*-Instrumentierung alle Informationen gleichzeitig vorhanden waren und zumindest vom Trend her überblickbar waren, können diese Angaben jetzt nur ausschnittsweise und aktiv mit dem Monitor abgerufen werden. Diese neue Situation ist vergleichbar mit der Aufgabe, alle Flugbewegungen der Welt zu überwachen und zu optimieren, ohne eine Weltkarte benutzen zu können, allein angewiesen zu sein auf das, was die weltweit verstreuten Flugleitstellen jeweils aufzeichnen und zwar nur mit der Möglichkeit, jeweils die Angaben je einer Flugleitstelle auf den Monitor zu rufen. Sofern der Operator nicht ständig "blättert", also systematisch und fortlaufend die einzelnen Daten abruft, wird er überfallartig auf eine Abweichung an irgendeiner Stelle verwiesen (Alarmmeldung). Durch mehr oder weniger optimale Suchstrategien mit mehr oder weniger benutzerfreundlicher Software versucht der Operator, das Problem zu analysieren und zu beheben. Auch wenn er bei einer guten Software nach freier Wahl Gruppenbilder in verkleinertem Maßstab herstellen und speichern kann und auch wenn er auf einem zweiten Monitor ein Übersichtsbild holen kann, so wird es zumindest dann problematisch, wenn in einem vernetzten System gleichzeitig an sehr unterschiedlichen Stellen Probleme auftauchen, denn gesteuert werden kann in der Regel nur über das Detailbild.

2 Arbeit in Leitständen bedeutet alltäglichen Umgang mit Komplexität

Bereits in den früheren Meßwarten hing die Arbeits- und Anlagensicherheit davon ab, wie gut der Operator mit komplexen Anforderungen umgehen konnte und inwieweit das System fehlerfördernd oder fehlervermeidend gestaltet war. So wie optimale Qualifizierung nicht in ausreichendem Maß Gestaltungsmängel kompensieren kann, so kann auch optimale Gestaltung nicht ausreichend mangelnde Qualifizierung und Eignung kompensieren. Es konnte jedoch anhand der obigen Beschreibung der heutigen Tätigkeit deutlich gemacht werden, daß sich die Anforderungen und Belastungen durch den Umgang mit Komplexität quantitativ und qualitativ verschärft haben.

Die Arbeit in Leit- und Steuerständen, insbesondere wenn Prozeßleitsysteme vorhanden sind, bedeutet alltäglichen Umgang mit Komplexität, zeitweise unter hohem Zeitdruck.

Von komplexen Systemen kann ausgegangen werden, weil
- viele bis sehr viele einzelne Parameter und die Zusammenhänge untereinander zu beachten sind (Vernetzung)

- es dynamische Systeme sind, zum Teil mit ausgeprägter "Eigendynamik" (Basis für Zeitdruckprobleme)
- mehr oder weniger Intransparenz besteht: Auch ein Anlagenfahrer, der vollständige Kenntnisse über die Systemstruktur besitzt, weiß oft nicht, welche Situation bzw. welcher Zustand gerade wirklich vorliegt.

3 "Sonderpädagogik" für Beschäftigte in Leitständen

Für den optimalen und störungsfreien Umgang mit solchen komplexen Systemen ist der Mensch von seinen Eigenschaften und Fähigkeiten her schlecht ausgestattet, denn:

- Er kann mit einer ganzen Reihe geistiger Anforderungen nur schlecht umgehen, z.B. mit Zeitverläufen, verzögerter Rückkoppelung, nicht-linearen Funktionen und mit der Zusammenschau von Teilinformationen im Rahmen einer vernetzten Gesamtsituation.
- Er kann nur eine geringe Anzahl von Informationen gleichzeitig verarbeiten. Daraus resultieren eine Reihe von "Ökonomiestrategien" bei der Verarbeitung von Informationen, die im menschlichen Alltag optimal, aber im Umgang mit komplexen Systemen völlig inadäquat sein können. Noch mehr verschärft sich die Diskrepanz, wenn bei massiver Überforderung Notfallstrategien zum Tragen kommen, die auch für den Alltag nicht mehr adäquat sind.
- Er ist bei der Problemlösung durch emotionale Größen beeinflußt, die im menschlichen Alltag optimal, aber im Umgang mit komplexen Systemen völlig inadäquat sein können. Gemeint sind z.B. Probleme, die aus Selbstschutztendenzen zur Wahrung des eigenen Gefühls der Kompetenz oder dem sogenannten "group thinking" entstehen können. Auch hier verschärft sich das Problem, wenn bei Überforderung emotionale Notfallstrategien zum Tragen kommen.

Es wird deutlich, daß man im pädagogischen Sinne von der Qualifizierung im Bereich der Leitstandtätigkeit als Aufgabe einer "Sonderpädagogik" sprechen kann. Es handelt sich um Ausbildung, Training und Unterweisung unter für Bediener und wie für Trainer erschwerten Bedingungen. Da die Qualifizierung nicht leicht ist und Kenntnisse für den Störfall angeeignet werden sollen, die zwar konkret und routinisiert sein sollen, sich aber eher allgemein und abstrakt darstellen, da kaum jemand einen Störfall erlebt, denkt man sehr schnell an eine Simulation, auch wenn diese kostenintensiv ist. Im folgenden werden daher die Simulation und die simulationsverwandten Qualifizierungsmethoden im Vordergrund der Überlegungen stehen.

4 Lernzielbildung als zwingende Voraussetzung für jede Simulation

Auch wenn ein Ausbilder seine Tätigkeit nicht nach Lernzielen ausweist, so wird er doch mehr oder weniger bewußte und allgemeine Vorstellungen davon haben, was und wie seine Schüler etwas lernen sollen und wieviel Zeit dafür benötigt wird. In der Regel dürfte auch jeder, der nicht lernpsychologisch ausgebildet ist, auf der Annahme aufbauen, daß ein komplexeres Ausbildungsziel nicht auf einmal, sondern in Stufen mit zunehmendem Schwierigkeitsgrad erreicht werden kann. Und er dürfte mehr oder weniger unbewußt nach einem ökonomischen Prinzip vorgehen, indem er durch den möglichst sparsamen, aber gezielten Einsatz seiner Aktivität im Rahmen einer bestimmten Zeitspanne einen maximalen Lernerfolg erreichen will. Wenn ein guter Pädagoge den Simulator selbst bauen würde, dann würde er versuchen, die wichtigsten Lernziele auch simulierbar zu machen und eher unwichtige auszusparen. Falls technisch nicht realisierbar, würde er sich genauestens überlegen, bis zu welchem Punkt eine Simulation vereinfacht werden kann, um dem Lernziel noch zu genügen. Ferner würde er Schaltungen einbauen bzw. die Software so gestalten, daß abgestufte Schwierigkeitsgrade möglich und einzelne Komponenten auch gesondert simulierbar sind.

Nun werden Simulatoren überwiegend von Nichtpädagogen gebaut. Die Berücksichtigung von lernpsychologischem Know-how ist in der Praxis erschreckend gering. Es rücken Kriterien der technischen Machbarkeit in Bezug auf zur Verfügung stehende Zeit und Mittel in den Vordergrund. Lernpsychologische Grundlagen, wie z.B. Lerntransfergrundlagen werden nicht miteinbezogen. Ein guter Forschungssimulator muß sich nicht zwingend für die Aus- und Fortbildung eignen. Um sinnvolle Trainingssimulatoren mit vertretbaren Kosten zu bauen, ist es also unabdingbar, daß dem Pflichtenheft eine differenzierte Lernzielbestimmung mit den nötigen Teilzielen vorausgeht.

In der pädagogischen und lernpsychologischen Literatur kann man die unterschiedlichsten Klassifikationen von Lernzielen finden. Im Prinzip basieren alle auf zwei grundlegenden Einteilungen. Zum einen kann man Lernziele unterteilen in:

- kognitive Lernziele (Verstehens-, Beurteilungs- und Entscheidungsebene; Umsetzung von Wissen)
- verhaltens- und fertigkeitsorientierte Lernziele (hier ist eher der manuelle Bereich angesprochen; Können)
- gefühlsmäßige Lernziele (diese sind gerade im Umgang mit Komplexität und Arbeits- und Anlagensicherheit bedeutend).

Zum anderen kann man Lernziele unterscheiden in Ziele, die sich beziehen auf:

- Basis- oder Schlüsselqualifikationen oder Sozialkompetenz (sehr grundlegende Qualifikationen, wie z.b. Fremdsprachen oder auch die Fähigkeit, geschickt Ziele zu verfolgen oder sich in andere hineinversetzen zu können)
- Fachwissen (das, was z.B. in einer Facharbeiterausbildung erreicht werden soll); dabei unterscheidet man häufig weiter nach Fakten- und Regelwissen
- die Arbeitstätigkeit selbst; auch hier kann man wieder Fakten- und Regelwissen unterscheiden
- die Fertigkeit und Geschicklichkeit bei einzelnen Arbeitsschritten.

5 Bedeutung der Simulation und der simulationsverwandten Methoden

Simulation ist die Vortäuschung von bekannter oder potentieller Realität mit verschiedenen Zielen, wie z.B. Forschung, Planung oder Qualifikation. Unter Qualifizierungsgesichtspunkten bieten sich verschiedene Arten der Simulation an.

5.1 Mentale Simulation

Man kann in Gedanken, d.h. mental, simulieren. Mentale Übungen werden z.B. im Sport, ergänzend zum körperlichen Training oder vor Wettkämpfen, erfolgreich genutzt. Mental üben kann man nur in *Verbindung mit vorhandenem praktischen Können* und den notwendigen Fertigkeiten.

Man kann jedoch mental auch *ohne Fertigkeiten* richtige Entscheidungen üben. Eine Aufzeichnung eines realen Prozesses, der mit einer Betriebsstörung endete, kann bis zu einem bestimmten Punkt vorgeführt werden, um dann in Gedanken durchzuspielen, was geschehen wird. Dann wird das Ergebnis des realen Ereignisses gezeigt und mit dem mental simulierten Ergebnis verglichen. Wenn ein Prozeßleitsystem vorhanden ist, wird in der Regel umfassend aufgezeichnet. Die Verläufe vieler wichtiger Parameter können graphisch dargestellt werden. Hier ist ein ideales Betätigungsfeld für diesen Typ Simulation, vor allem dann, wenn eine sogenannte Ingenieurskonsole vorhanden ist, also ein vollwertiger Leitstandsplatz, bei dem, abgekoppelt von der Anlage, alle Verläufe reproduziert werden können. Diese Ingenieurskonsole wird zwar relativ häufig zur Störungsidentifikation genutzt, leider jedoch kaum für Qualifizierungsaufgaben.

Mentale Simulation ist sehr wirksam, wenn es darum geht, die *abstrakte Vorstellung von potentiellen Realitäten*, z.B. einem Störfalltyp, für den noch keine Erfahrungen vorliegen, so weit in konkrete, handlungsorientierte Vorstellungen zu überführen, daß sie das Verhalten dann erfolgreich beeinflussen würden, wenn dieser Störfall eines Tages wirklich eintreten würde. Optimal ist es, wenn die mit der mentalen Simulation verbundenen Objekte, Räume und Arbeitsmittel auch aufgesucht oder abgeschritten werden, z.B. wenn man nach dem simulierten Ausbruch eines Feuers die Fluchtwege entlanggeht, die nötigen Verrichtungen durchführt, die vorgesehenen Telefonnummern wählt etc. Diese Methode wird häufig als Szenarientechnik bezeichnet. Obwohl sie - im Umgang mit Komplexität richtig eingesetzt - ein sehr wichtiges Qualifizierungsmittel sein kann, wird sie kaum angewandt. Allerdings werden Szenarientechniken häufiger bei der präventiven Schwachstellenanalyse im Rahmen von Sicherheitsbetrachtungen eingesetzt; z.B. basiert das PAAG-Verfahren, das im Rahmen der Störfall-Verordnung als ein Verfahren anerkannt ist, auf dieser Methode.

5.2 Simulation auf rechnerisch-logischer Basis

Man kann rechnerisch-logische Simulationen für die Qualifikation benutzen, z.B. kann man PC-gestützt Grundlagen des Explosionsschutzes verdeutlichen. Man verändert die Aufgaben für die Zusammensetzung von Staub- oder Luftgemischen und bekommt die Antwort durch einen visuellen Effekt, der zeigt, ob das Gemisch gezündet wurde oder nicht.

Man kann z.B. auch ein auf dem Bildschirm dargestelltes Knochenmodell an vorgegebenen Leerstellen mit freiwählbaren Angaben über Art des Gegenstandes, Gewicht, Ausgangshöhe, Ablagehöhe, Bewegungsablauf etc. versehen und sich zeigen lassen, in welchem Ausmaß und an welcher Stelle des Skelettes Belastungen auftreten und ob dies im Rahmen der gesetzlich vorgegebenen Arbeitsschutzbestimmungen noch akzeptabel ist. In diesem Bereich könnte man gut auch den Umgang mit exponentiellen Parametern und der Trägheit einer chemischen Anlage simulieren.

5.3 Simulation mit organisatorischen Mitteln

Man kann Dinge auf organisatorischem Wege simulieren. Dies können z.B. Verhandlungsübungen sein, oder es wird ein Feueralarm mit allen organisatorischen Konsequenzen durchgespielt. Bekannt sind auch sogenannte Übungsfirmen, bei denen die wesentlichen organisatorischen Abläufe einer Firma simuliert werden. Es werden fiktive Produkte eingekauft, verarbeitet und weiterverkauft etc., um bspw. Kaufleute auszubilden. Auch wurde der Abtransport von chemischen Waffen sehr intensiv simuliert. Unbeladene Fahrzeuge wurden mit Attrappen beladen und fuhren die Strecke ab. Kombiniert wurde diese organisatorische Simulation mit den oben beschriebenen Szenarientechniken.

5.4 Simulation mit Simulatoren

Dieser Bereich ist der, an den man in der Regel denkt, wenn von Simulation gesprochen wird. Auch hier gibt es wieder eine ganze Reihe von Abstufungen. Außerdem kann danach unterschieden werden, ob *off-line*, *on-line* oder im Zeitraffer simuliert wird.

5.4.1 Die "totale" Simulation

Auch wenn, bezogen auf den Leitstand, die gesamte Leit- und Steuerungsausstattung original vorhanden ist und vielfältige EDV-Programme alle nur erdenklichen Fahrweisen und kritischen Situationen simulieren können, können wesentliche Bereiche der Interaktion nicht mitsimuliert werden. Es können somit Lernziele zum Bereich Faktenwissen, Regelwissen und Fertigkeiten erreicht werden, aber keinesfalls Sicherheitsziele, denn Verhaltensfehler sind zu einem großen Teil in der sozialen Umwelt begründet. Der gesamte emotionale Bereich kann nur sehr schlecht abgedeckt werden. Das emotionale Lernziel "Abbau von Angst vor der neuen Technik" kann sicherlich erreicht werden. Aber es bleibt die Frage, ob man dafür eine Totalsimulation benötigt.

Die Leit- und Steuerstandstechnik und die Produktionstechnik befinden sich in stetiger Veränderung. Es gibt so gut wie keine völlig ähnlichen Anlagen und Steuerstände, allerdings sind viele vom Prinzip her identisch. Wenn man also versucht, eine Gruppe von Beschäftigten als Vorbereitung auf die Inbetriebnahme einer großen, komplexen, unter die Störfall-Verordnung fallenden Anlage in eine Totalsimulation einzubeziehen, wird man bei dem Simulator die in der Regel zuletzt oder vorher gebaute Variante erhalten. Die Unterschiede zur dann auf dem neuesten Stand erbauten Anlage können lernpsychologisch gesehen sehr bedeutend sein, obwohl auf den ersten Blick keine besonders großen Unterschiede sichtbar sind, so daß es besser ist, nicht bis zur Ebene der Gewohnheitsbildung zu trainieren.

Argumente für eine solche Simulation sind auch gegeben, wenn es sich um eine große kontinuierliche Anlage handelt, die nur nach einem Jahr bzw. mehreren Jahren abgefahren wird, wobei An- und Abfahrvorgänge sehr komplex und schwierig sind. Die totale Simulation ist von den enormen Kosten her eigentlich nur dann gerechtfertigt, wenn

- eine gewisse Wahrscheinlichkeit von Notfallsituationen vorhanden ist und dann viele Menschenleben auf dem Spiel stehen (Kernkraftwerk)
- es große Serien sind oder es sich um Großanlagen handelt, die in mehreren Exemplaren vorhanden sind (Flugzeug)
- in der Bewältigung der zu erwartenden Notfallsituation eine Kombination aus schnellen, komplizierten und gut trainierten Verrichtungen erforderlich ist.

Die bisherigen Ausführungen zeigen, daß in der chemischen Industrie häufig diese Voraussetzungen nicht gegeben sind. Dennoch bedarf es der Einzelfallprüfung. So konnte von Dr. Lapke (VEBA OEL AG, Gelsenkirchen) überzeugend dargestellt werden, wann sich eine Totalsimulation auch in der chemischen Industrie lohnt:

- wenn zusätzlich die An- und Abfahrvorgänge relativ selten, aber schwierig sind und bis dahin vieles "verlernt" worden ist
- wenn ein optimierender Fahrstil sehr entscheidend ist, also schlechte Fahrweise deutliche Mengen - oder Qualitätsunterschiede bedeutet
- wenn relativ viele Mitarbeiter völlig neu einzuarbeiten sind
- wenn diese Mitarbeiter schon vorhanden und längere Zeit für solche Simulationen zur Verfügung stehen
- wenn die Kosten für den Simulator im Verhältnis zur Gesamtinvestition einen vertretbaren Anteil ausmachen
- wenn dadurch der Zeitaufwand für die Inbetriebnahme deutlich verkürzt wird.

Auch im Bereich der Fahrzeugführung werden immer wieder mit sehr hohem Investitionsaufwand Totalsimulationen angestrebt, die aus psychologisch-pädagogischer Sicht nicht sinnvoll sind. So wird z.B. seit Jahren ein Gabelstapler-Simulator entwickelt. Es ist bisher jedoch nicht gelungen, wichtige Lernziele in Simulation umzusetzen, z.B. zum Problem Kippsicherheit, weil hier haptische Hintergründe zu berücksichtigen sind. Auch die nötige Rundumsicht kann nur mit einem riesigen Aufwand simuliert werden. Viel einfacher und sehr viel billiger könnte man die gleichen Qualifizierungseffekte erzielen, wenn man einen Stapler so an einen Kranhaken hängt, daß der Stapler nicht wirklich kippen kann, man den Fahrer mit Spezialsicherheitsgurten an seinem Sitz fixiert und ihm bestimmte Fahr- und Ladeaufgaben vorgibt.

5.4.2 Die Komponentensimulation

Vom Prinzip her sind alle genannten Überlegungen mit denen der Totalsimulation identisch. Sie beziehen sich nur auf einzelne Aggregate, Anlagenteile oder Bereiche, die als sehr komplex gelten oder sehr schwierig zu handhaben sind. So beschränken sich auch die Simulationen von Tätigkeiten in Kernkraftwerken auf wichtige Bereiche, wie z.B. auf den Umgang mit Brennstäben.

5.4.3 Simulation von Prinzipien

Hier handelt es sich um Simulatoren, die gezielt für Trainingszwecke hergestellt werden und bei denen eine pädagogische Reduktion auf das Wesentliche vorgenommen wurde. Im Rahmen der Lernzielbestimmungen kann man sehr schnell die wesentlichsten und schwierigsten Anforderungen herausarbeiten. Normalerweise handelt es sich dann auch um Anforderungen, die in einer bestimmten Anlage sehr spezifisch sind, aber vom Prinzip her auch in vielen anderen Bereichen auftreten. In vielen Fällen kann man Qualifikationen trainieren, die im chemischen Bereich allgemeinere Bedeutung haben und fast so etwas wie Schlüsselqualifikationen darstellen. So hat man Simulatoren gebaut, mit denen der Umgang mit Prozessen trainiert werden kann,

- denen Exponentialfunktionen zugrundeliegen
- die endotherme oder exotherme Reaktionen beinhalten
- die sehr träge sind (Probleme des Überregelns)
- die mit Kaskadenreglern gesteuert werden
- bei denen Behälter vorkommen, die gleichzeitig mehr als einen Zufluß und Abfluß in Betrieb haben

■ bei denen das Mischen von Rezepturen wichtig ist, denen bedingte Abhängigkeiten zugrunde liegen und v.m.

Dieses sind alles Lernziele, die die Anforderungen an den Menschen betreffen und die auch im intensiven Unterricht schwer verständlich sind. Gerade in den Anforderungsbereichen, in denen Komplexitätsmerkmale existieren, ist häufig ein ausgereifter Simulator, an dem sich Prinzipien simulieren lassen, von großem Wert. Die "Spezialisierung" kann dann ohne weiteres an der konkreten Anlage vor Ort weitergeführt werden.

Auch über den Bereich der Leitstandstechnik hinaus ist die Prinzipiensimulation in vielen Fällen die ausgewählte Methode. Nur so können sehr viele abstrakte Themen im Bereich der Arbeitssicherheit erfahrbar gemacht werden und zu einem "Aha-Effekt" führen. So versucht die BG Chemie z.B. in sog. "Erfahrungsexperimenten" den Umgang mit großen trägen Massen und kleinen schnellen Massen oder auch den Aufprall des Kopfes ohne Schutzhelm auf spitze Gegenstände spielerisch und damit angstfrei zu verdeutlichen.

Und auch hier noch ein Beispiel aus dem Fahrzeugbereich: Während eine PKW-Totalsimulation für Ausbildungszwecke nicht sehr sinnvoll erscheint, sind Prinzipiensimulationen, wie z.B. das Fahren unter Alkoholeinfluß, für die Verkehrssicherheit von hohem Wert, auch wenn die Simulation an sich nur ansatzweise durch Fahrersitz, Lenkrad, Gas- und Bremspedal und einen Monitor realisiert wurde, auf dem alle Wahrnehmungen so simuliert werden, als wenn unterschiedliche Konzentrationen an Blutalkohol im Spiel wären.

6 Zusammenfassende Bewertung

Es sollte verdeutlicht werden, daß die Art der Simulation, an die die meisten Menschen denken, wenn es um komplexe Technik geht, die Totalsimulation, nur ausnahmsweise eine Berechtigung für Trainingszwecke hat. Es sollte aber auch gezeigt werden, daß das Prinzip "Simulation" einen sehr hohen Stellenwert in der Aus- und Fortbildung der chemischen Industrie hat und daß hier auch unterschiedliche Methoden und Techniken der Simulation oder der damit verwandten Vorgehensweise bekannt sind. Sicherlich konnte auch deutlich gemacht werden, daß hier die Kosten eher akzeptabel oder teilweise vernachlässigbar sind, wie z.B. bei der mentalen Simulation, vor allem wenn sie im Rahmen des allgemeinen Betriebsgeschehens von Vorgesetzten gezielt in kleinen Zeiteinheiten praktiziert wird.

Es soll hier auch deutlich gesagt werden, daß ein häufigerer gezielterer Einsatz dieser "einfachen" Methode zur Zuverlässigkeit der Menschen mehr beitragen kann als eine einmalige umfangreiche "Großsimulation". Wenn ein Vorgesetzter immer wieder seine Mitarbeiter mit Fragen nach dem Prinzip "was wäre wenn" konfrontiert, dann alle Einzelheiten der notwendigen Schritte durchgeht, sie immer wieder an die Konsole holt und anhand eines aufgezeichneten Prozesses die einzelnen Entscheidungen herausarbeitet und ihre jeweiligen Folgen verdeutlicht, hat er sehr viel für Qualität, Arbeits- und Anlagensicherheit getan. Leider haben jedoch viele Führungskräfte noch nicht das Bewußtsein, daß ein wesentliches Merkmal guter Führung auch darin besteht, sich mit pädagogischen Überlegungen auseinanderzusetzen, wie den Mitarbeitern komplexe Abläufe möglichst praktisch, anschaulich und zuverlässig vermittelt werden können. Diese Aufgabe können zentrale und außerbetriebliche Ausbildungsstellen nicht in ausreichendem Maße für den Linienvorgesetzten übernehmen.

Neue Aufgaben des Arbeitsschutzes und Sicherheitsmanagements

Gerd Peter
Sozialforschungsstelle Landesinstitut, Dortmund

Defizite des traditionellen Arbeitsschutzes und neue Lösungswege

Daß der deutsche Arbeitsschutz eine bemerkenswerte Tradition hat, die für die Einschätzung seiner zukünftigen Leistungsfähigkeit von großer Bedeutung ist, wird weder von wissenschaftlicher Seite noch von Seiten der Praktiker, eingeschlossen der Tarifparteien, bestritten. Von daher ist es (und war es) verfehlt, wenn die überwiegende Zahl sozialwissenschaftlicher Analysen des deutschen Arbeitsschutzes diesen allein als System (das Arbeitsschutzsystem) betrachten und Weiterentwicklungen dann lediglich als Organisationssystementwicklungen konzipieren. Denn Systeme haben keine Tradition. Wesentliche Merkmale des deutschen Arbeitsschutzes bleiben bei einer Systembetrachtung unberücksichtigt, die gesetzten Ziele der Organisationsentwicklung werden dadurch nicht erreicht, worauf die Organisationswissenschaft dann lediglich einen Strukturkonservativismus des Arbeitsschutzes diagnostiziert und beklagt. Daß eine Ursache hierfür auch die verkürzten eigenen Analysen und Diagnosen sind, wird nicht gesehen.

Aufgrund langjähriger empirischer Forschung im und über den deutschen Arbeitsschutz in verschiedenen Branchen und Regionen (Sozialforschungsstelle 1992) schlägt die Forschungsgruppe des Landesinstituts Sozialforschungsstelle Dortmund vor, den sozialen Tatbestand des Arbeitsschutzes umfassend als Institution oder, je nach Grenzziehung, als Institutionengefüge zu fassen und zu verstehen. Institutionen sind stabile soziale Zusammenhänge (Ordnungen), in denen eine Leistungsseite (Funktionssysteme, Organisationen) mit einer Bedeutungsseite (Normen und Werte von Funktionsträgern und Mitgliedern) über eine Leitidee (Gesundheit) sowie entsprechende gemeinsame Deutungsmuster und Hintergrundüberzeugungen (Lebenswelt, Alltag) integriert werden (Peter 1992a).

Reformen oder sonstige Veränderungen des Institutionengefüges des Arbeitsschutzes sind deshalb als ein hochkomplexer sozialer Prozeß der Veränderungen von Funktionen, Leistungen, Rechten, Zahlungen, Normen, Werten, Grundorientierungen, Kooperationen u. a. m. in ihrem aufeinander abgestimmten Zusammenwirken auf die betriebspraktische Ebene zu betrachten (Abb. 1).

Ebenen	aktuelle Beispiele
System	Modernisierung der Volkswirtschaft EG-Harmonisierung Neue Technologien

Leistungsbezüge	über Geld, Macht, Wissen
Institutionen	Institutionen der Arbeit (z.B. Gewerbeaufsicht, Gewerkschaften ...)

Sinnebezüge	Handeln nach Interessen, Normen, Werten
Alltagspraxis	Wertewandel Individualisierung Sensibilisierung (Gesundheit, Umwelt)

Abb. 1: Die soziale Einbettung von Institutionen der Arbeit

Die Institutionen des Arbeitsschutzes strukturieren einen bestimmten sozialen Zusammenhang innerhalb und zwischen betrieblichen (Abb. 2) und überbetrieblichen (Abb. 3) Arbeitsschutzaktivitäten. Dieser Zusammenhang ist zunächst gekennzeichnet durch eine in einem bestimmten Rahmen (Unfälle, Berufskrankheiten) durchaus effektive Integration von Laienpotentialen (z.B. Sicherheitsbeauftragte) und Expertenwissen (z.B. Arbeitsmediziner), Professionalisierung (z.B. Sicherheitsfachkräfte) und Alltagsroutinen (Begehungspraxis), betrieblichen Arbeitsschutzhandeln (z.B.: Arbeitssicherheitlicher Dienst, Arbeitsschutzausschuß, Betriebsrat) und betriebsübergreifenden Aktivitäten (z.B. Gewerbeaufsicht, Berufsgenossenschaften, Gewerkschaften). Die Leistungsfähigkeit des deutschen Arbeitsschutzes bezogen auf diesen Zusammenhang ist international anerkannt und hat Leitbildfunktion, was aber die zahlreich vorhandenen Problemlagen nur zu oft überdeckt. So sind die Institutionen des deutschen Arbeitsschutzes mit ihren typischen Funktionsweisen und Kooperationsformen tatsächlich einem schleichenden (latenten), in den letzten Jahren zunehmend manifester werdenden Funktions- und Bedeutungsverlust gleichermaßen ausgesetzt, die den spezifischen Zusammenhang des deutschen Arbeitsschutzes (duales System, Verbetrieblichung über Professionalisierung und Mitbestimmung) infragestellen (Pröll 1990).

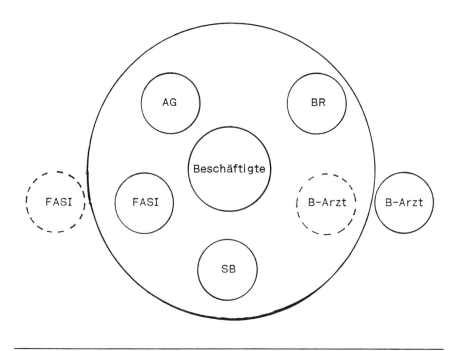

Abb. 2: Kooperationsnetz

Abkürzungen:
AG = Arbeitgeber; ASiG = Arbeitssicherheitsgesetz; B-Arzt = Betriebsarzt (ASiG) ; BR = Betriebsrat; FASI = Fachkräfte für Arbeitssicherheit (ASiG); SB = Sicherheitsbeauftragter (RVO)

Der Funktionsverlust wird deutlich vor allem auf dem Feld der dynamischen Verbreitung neuer Technologien. Die durch sie hervorgerufenen neuen Problemlagen auf dem Feld der Arbeitsbedingungen (arbeitsbedingte Erkrankungen, psychomentale Belastungen), aber auch der Anlagensicherheit (vernetzte Systeme), verlangen eine stärkere Orientierung auf (Primär-)Prävention und Gestaltung sowie neue Kooperationsformen, die zukunftsoffen sind und die vorherrschende vergangenheitsorientierten, reaktiven, normen- und kontrollorientierten Vorgehensweisen ablösen. Hierzu fehlen noch weitgehend die Instrumente, hierzu fehlen auch entsprechende Kooperationserfahrungen und -bereitschaften.

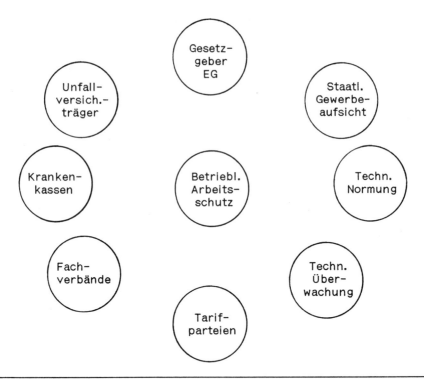

Abb. 3: Wichtige Institutionen für Sicherheit und Gesundheitsschutz im Betrieb

Die laufende EG-Harmonisierung wird zudem sowohl ein erweitertes Arbeitsschutzverständnis (weiter Gesundheitsbegriff) wie auch erweiterte Beteiligungsformen rechtlich begünstigen. Über die Diskussion eines einheitlichen Arbeitsschutzgesetzbuchs, einer veränderten Kooperation der außerbetrieblichen Dienste (Gewerbeaufsicht, Berufsgenossenschaften), durch die dynamischen Schnittmengen mit dem Umweltschutz im Bereich der gefährlichen Stoffe und der dadurch induzierten Konzeptionskonkurrenz mit den im Aufbau befindlichen Umweltschutzsystemen steht der Arbeitsschutz aktuell unter einem Veränderungsdruck wie seit den sechziger Jahren nicht mehr. Risiken wie Chancen eines stabilen (reflexiven) institutionellen Wandels sind hierüber gegeben.

Der Arbeitsschutz ist auf diese Veränderungsnotwendigkeiten nur unzureichend vorbereitet, der Arbeitsschutzalltag mit der ihm eigenen Beharrlichkeit nimmt die neuen Anforderungen nur zögerlich auf

(Pröll/Peter 1990). So zeigt eine aktuelle Umfrage der Sozialforschungsstelle unter den im VDSI organisierten Sicherheitsfachkräften (Pröll/Sczesny 1991), daß der überwiegende Zeitanteil ihrer Arbeit auf dem Feld Überwachung/Sanierung (Begehungen) und Gefahrstoffmanagement (GefStoffV) liegen (Abb. 4).

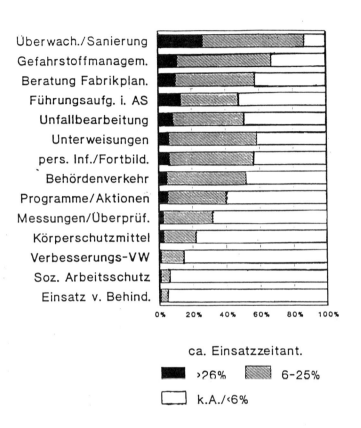

Abb. 4: *Zeitaufwand für Aufgabenbereiche von Sicherheitsfachkräften (n = 1109)*

Der zukunftsrelevante Aufgabenbereich Fabrikplanung, der durchaus bereits gegenwärtig eine wichtige Rolle spielt, wird in seinen präventiven Möglichkeiten kaum genutzt. Vielmehr konzentriert sich hier die Beratung der Sicherheitsfachkräfte auf die klassischen Schutzkonzepte (Gebäude, Geräte, Brandschutz, Umgebungseinflüsse). Zukünftig immer wichtiger werdende Fragen der Arbeitsgestaltung und des Personaleinsatzes (Arbeitszeit, ältere Arbeitnehmer) spielen faktisch keine Rolle (Abb. 5).

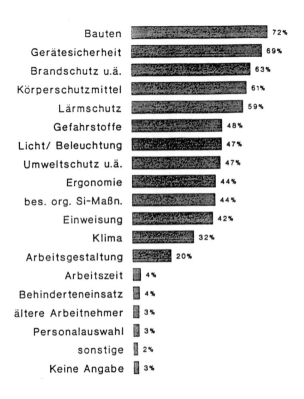

Abb. 5: *Fachgebiete der Beratung im letzten Vorhaben der Fabrikplanung*

Daran ändert auch die Arbeit im Arbeitsschutzausschuß nach ASiG nichts, einem sozialen Ort, von woher man am ehesten Impulse für Neuerungen erwarten könnte. Denn hier sind nicht nur die Arbeitsschutzprofessionellen (Sicherheitsfachkräfte, Arbeitsmediziner) vertreten, sondern auch Beauftragte der Belegschaftsebene (Sicherheitsbeauftragte) wie auch Beauftragte des Unternehmers bzw. Managements und des Betriebsrates. Unsere Befunde zeigen jedoch, daß der ASiG-Ausschuß kein Ort der Veränderung ist, sondern eher noch enger seine Arbeit auf die klassischen Felder bezieht als andernorts (Abb. 6). Hier wird deutlich, daß Kooperation allein nichts bringt, wenn sich der notwendige thematische Zuschnitt nicht einstellt. Diese empirischen Befunde, die hier nur exemplarisch wiedergegeben werden (siehe Pröll/Sczesny 1991), ändern sich auch nicht grundsätzlich, wenn man die überbetrieblichen Instanzen einbezieht. Hierauf soll im vorliegenden Zusammenhang jedoch nicht näher eingegangen werden.

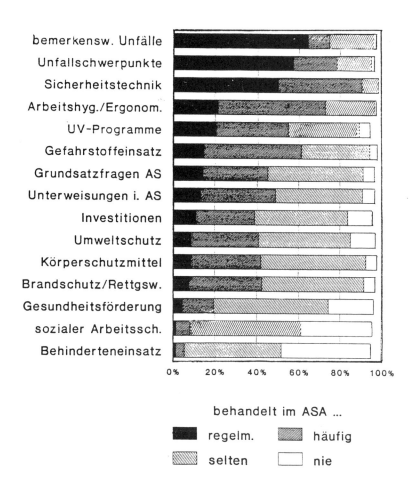

Abb. 6: Themen im ASiG-Arbeitsschutzausschuß nach Auskunft von Sicherheitsfachkräften (nur pers. Mitglieder, n = 1011)

Inwieweit die (deutschen) Institutionen des Arbeitsschutzes allesamt oder auch nur teilweise die Turbulenzen der Gegenwart und nahen Zukunft überstehen, hängt zentral davon ab, ob es ihnen gelingt, veränderte, erweiterte Kooperationsformen auf allen Ebenen, im Betrieb wie zwischen den Betrieben, zwischen betrieblichem und außerbetrieblichem Arbeitsschutz, innerhalb des außerbetrieblichen Arbeitsschutzes sowie mit neuen Expertensystemen zu entwickeln. Diese erweiterten Kooperationsformen entscheiden darüber, was zukünftig im Arbeitsschutz Thema sein wird.

Gemäß unserem Verständnis heißt eine zukunftsbezogene Reform des Arbeitsschutzes deshalb, einen stabilen Wandel der Institutionen des Arbeitsschutzes zu verknüpfen mit der Veränderung der typischen Kooperationsstrukturen im betrieblichen Alltag, um hierüber die notwendigen thematischen Erweiterungen dauerhaft im Arbeitsschutz zu verankern. Die Veränderungen in der institutionellen Struktur beziehen sich auf Leitrisiko, Schutzkonzepte, Vorschriftenideal, Disziplinenbezug, Adressaten - und Interessenmodell gleichermaßen (Abb. 7) (Pröll 1991). Sie muß auf betrieblicher Ebene durch nachhaltige Erweiterungen der Kooperationsstrukturen unter stärkerer Einbeziehung des Managements auf der einen, der Beschäftigten auf der anderen Seite ergänzt werden (Martens/Peter/Pröll/Sczesny 1992).

	klassisch	zukünftig
Leitrisiko	Arbeitsunfall (Listen-BK)	erweitert um: chronische langfristige Gesundheitsschäden (arbeitsbedingte Erkrankungen; psychische Belastungen)
Schutzkonzept	maßnahmeorientiert sicherheitstechnisch	zielorientiert, Belastungsabbau/Gesundheitsschutz, gestalterisch primär-präventiv, systembezogen, ganzheitlich
Vorschriftenideal	eindeutig, zeitlos situationsunabhängig	dynamisch, situationsbezogen umsetzungsbedürftig
Disziplinen	Technik- und Naturwiss.	multidisziplinär
Betriebliche Strukturen	keine Betriebsverfassung/Interessenvertretung, kein betriebliches Arbeitsschutz-Expertenwesen	differenziertes betriebliches Arbeitsschutzsystem
Adressat	Unternehmer auf Führungsprinzip verpflichtet	zusätzliche Akteure: Arbeitsschutz-Experten, Betriebsräte, Beschäftigte
Interessenmodell	Widerspruch von Arbeitsschutz u. Wirtschaftlichkeit	zunehmende Einsicht in den betrieblichen Nutzen von Arbeitsschutzmaßnahmen

Abb. 7: Weiterentwicklung im Arbeitsschutz

Der Zusammenhang als Kommunikations- und Handlungszusammenhang zwischen Systemen, Institutionen und den alltäglichen Situationen soll hier durch Abb. 8 nur grob angedeutet werden, er ist an anderer Stelle theoretisch fundiert und weiter ausgeführt (Peter 1992b).

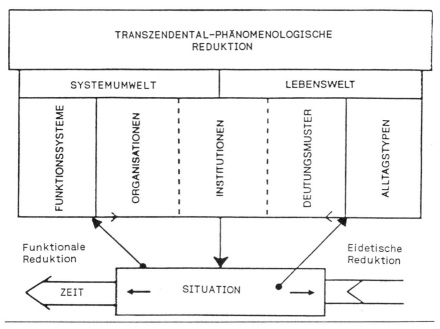

Abb. 8: Der Zusammenhang von Situation, Institution und System

Daß hinsichtlich der Leitorientierung die betrieblichen Arbeitsschutzprofessionellen durchaus reformorientiert ausgerichtet sind, zeigt bereits die unten zitierte Befragung der Sicherheitsfachkräfte, die in diesem Punkt erstaunlich mit den in einer zweiten Befragung von Arbeitsmedizinern erhaltenen Befunden übereinstimmt. Leitorientierung ist Gesundheit in einem umfassenden Sinne, nicht mehr nur ein reduziertes Arbeitssicherheitsverständnis.

Es zu verwirklichen, bedarf jedoch zusätzlicher Ressourcen. Dabei ist nicht so sehr an eine einfache, quantitative Personalerweiterung zu denken, obwohl auch dies auf dem ein oder anderen Feld nötig sein wird, sondern an einer grundsätzlichen Erörterung der notwendigen Kooperationsformen im Betrieb. Denn der Arbeitsschutz kann nicht einfach davon ausgehen, daß zukünftig gesundheitsbezogene Fragen automatisch allein in seinem Aufgaben- und Verantwortungsbereich zu beantworten sind. Vielmehr wird er sowohl über erweiterte Kooperationen neue Themen von anderen Stellen außerhalb des organisierten Arbeitsschutzes bearbeiten sehen, als auch selbst neue Aufgaben anpacken müssen. Wichtig ist dabei das Zusammenwirken und das Ergebnis in Wirkung auf die Arbeitnehmerinnen und Arbeitnehmer.

Über notwendige neue Themenstellungen im Arbeitsschutz ist die zentrale Bedeutung der Beschäftigten gegeben, Ausgangs- wie Zielpunkt alles Arbeitsschutzhandelns. Die subjektive Dimension, die die Leitidee Gesundheit notwendig hat, gilt es angemessen in diesen erweiterten Kooperationsstrukturen zur Geltung zu bringen (v. Ferber 1992). Ein entsprechender Vorschlag (Gesundheitszirkel) (Slesina/ Broekmann 1992) ist längst über die Erprobungsphase hinausgelangt und wird zunehmend von den Krankenkassen aufgegriffen. Sein Erfolg wird davon abhängen, inwieweit es gelingt, auch im Rahmen der übergreifenden Diskussion über neue Organisations- und Produktionskonzepte (Gruppen oder Teamarbeit, *lean production*) Fuß zu fassen.

Literatur

von Ferber, Ch. (1992): Arbeitswissenschaft - psychosozialer Streß - gesundheitsgerechte Arbeitsgestaltung, in: Arbeit, Zeitschrift für Arbeitsforschung, Arbeitsgestaltung und Arbeitspolitik 2, Opladen, S. 123-143

Martens, H./Peter, G./Pröll, U./Sczesny, C. (1992): Arbeitsschutz und Betriebsalltag - Zusammmenarbeit für Sicherheit und Gesundheit, Beiträge zum Workshop der sfs am 29.04.1992 in Dortmund, sfs-Schriftenreihe Beiträge aus der Forschung, Bd. 63, Dortmund

Peter, G. (Hg.) [1989]: Arbeitsschutz, Gesundheit und Neue Technologien, Opladen

Peter, G. (1992a): Situationen - Institutionen- System als Grundkategorien einer Arbeitsanalyse, in: Arbeit, Zeitschrift für Arbeitsforschung, Arbeitsgestaltung und Arbeitspolitik 1, Opladen, S. 64-79

Peter, G. (1992b): Theorie der Arbeitsforschung: Situation - Institution - System als Grundkategorie empirischer Sozialwissenschaft, Frankfurt a.M./New York

Pröll, U. (1990): Arbeitsschutz und neue Technologien, Opladen

Pröll, U./Peter, G. (Hg.) [1990]: Prävention als betriebliches Alltagshandeln, Bremerhaven/Dortmund

Pröll, U./Sczesny, C. (1991): Fachkräfte für Arbeitssicherheit in der betrieblichen Zusammenarbeit, Ergebnisse einer schriftlichen Befragung von Sicherheitsfachkräften im VDSI, sfs-Reihe Beiträge aus der Forschung, Bd. 51, Dortmund

Slesina, W./Broeckmann, M. (1992): Gesundheitszirkel zur Verstärkung des Gesundheitsschutzes im Betrieb, in: Arbeit, Zeitschrift für Arbeitsforschung, Arbeitsgestaltung und Arbeitspolitik 2, Opladen, S. 166-186

Sozialforschungsstelle (Hg.) [1992]: 10 Jahre Forschung zum Arbeitsschutz an der Sozialforschungsstelle Dortmund. Konzeption - Projekte - Veröffentlichungen (Broschüre), Dortmund

Uwe E. Kleinbeck
Universität Dortmund, Organisationspychologie

Perspektiven eines partizipativen Sicherheitsmanagements

Aus unserer Arbeit mit einer organisations- und motivationspsychologisch begründeten Managementtechnik für sich selbst organisierende Arbeitsgruppen möchte ich über einige Erfahrungen berichten, die wir in der letzten Zeit im Rahmen unserer Feldforschung gesammelt haben. Unser Ziel dabei war die *Verbesserung der Produktivität in Organisationen*, nicht die *Arbeitssicherheit*. Wir wissen deshalb nicht, ob sich die von uns genutzte Technik des partizipativen Produktivitätsmanagements (PPM) im Bereich Arbeitssicherheit ebenso bewähren wird wie bei ihrem Einsatz zur Veränderung von Produktivität, aber wir vermuten, daß sie auch zur Erhöhung der Arbeitssicherheit beitragen könnte. Deshalb möchten wir diese Technik an dieser Stelle einem Fachpublikum vorstellen, das dann über die Einsatzmöglichkeiten auch im Bereich der Arbeitssicherheit sicherlich kompetenter urteilen kann.

1 Arbeitssicherheit ist eine Managementaufgabe mit doppelter Zielausrichtung

In einigen Organisationen und Verbänden hat sich die Auffassung durchgesetzt, daß Arbeitssicherheit ein Produktionsziel ist; in der Regel zwar kein eigenständiges, aber wenn das allgemeine Ziel einer Organisation die Herstellung optimal verkäuflicher Produkte zu minimalen Kosten ist, dann gehört Arbeitssicherheit zum Herstellungsprozeß, zum Produkt wie zu den Kosten. Produkte, ihre Güte, ihre termingerechte Fertigstellung und ihre Kosten werden durch Störfälle beeinflußt, die sich gleichermaßen auch auf die Arbeitssicherheit auswirken.

Trotz der Sinnhaftigkeit einer solchen auch produktivitätsorientierten Betrachtung bleibt das zentrale Ziel von Arbeitssicherheit natürlich die Gesundheit und Unversehrtheit der Mitarbeiter. Die Produktivität darf nicht nur nicht zur Gefahr werden; vielmehr sollte ein Management der Arbeitssicherheit so angelegt sein, daß neben einer Sicherstellung von Schädigungslosigkeit und Beeinträchtigungsfreiheit für die Mitarbeiter auch viele Chancen für deren Selbstentfaltung bereitgestellt werden.

2 Was es bedeutet, Arbeitssicherheit als Managementaufgabe wahrzunehmen

Management in Organisationen bedeutet in der Regel, Verantwortung zu übernehmen für das Vereinbaren von Zielen, für die Steuerung des Verhaltens in Richtung auf die vereinbarten Ziele hin und für den Erfolg des zielorientierten Handelns. In der heutigen Zeit heißt das außerdem, daß man als Führungsperson die Motivation der an der Produktion Beteiligten anregt, stärkt und aufrechterhält, damit die so motivierten Mitarbeiter die ihnen gewährten Handlungsspielräume nutzen können und dadurch zum Erfolg der Organisation beitragen. Diese Aufgaben lassen sich leicht auch für das Management von Arbeitssicherheit übernehmen. Daraus resultiert dann folgender Anforderungskatalog:

- Verantwortung für sicheres Handeln übernehmen und tragen
- Verhalten zur Verhinderung von Gefahren steuern
- Motivation für sicherheitsgerechtes Verhalten anregen, stärken und aufrechterhalten
- Handlungsspielräume zum Erkennen und zur Bewältigung von Gefahren schaffen *und* nutzen
- Instrumente zur Verfügung stellen, die Mitarbeiter in Arbeitsgruppen nutzen können, um ihre Arbeitssicherheit eigenverantwortlich zu organisieren.

Dieser Katalog macht deutlich, wie nötig es ist, auch die Arbeitssicherheit zu einer wichtigen Führungsaufgabe zu erklären. Durch die Techniken der modernen Organisationsentwicklung wird man dann in die Lage versetzt, zügig und konsequent an die erfolgreiche Bewältigung dieser Aufgabe heranzugehen.

3 Sicherheitsmanagement orientiert sich am allgemeinen Fortschritt in der Organisationsentwicklung

Nach knapp 30 Jahren Arbeitsstrukturierung in der Bundesrepublik Deutschland ist es der Mehrzahl der erfolgreich am Markt operierenden Organisationen gelungen, die Arbeitsinhalte soweit neu zu strukturieren, daß deren Motivierungspotentiale Schritt für Schritt verstärkt werden konnten. Anforderungsvielfalt sowie Bedeutsamkeit und Geschlossenheit von Arbeitstätigkeiten traten an die Stelle einfacher, monotoner, kurzzyklischer Inhalte; die Handlungsspielräume wurden erweitert und die Rückmeldungen aus der Arbeit selbst schafften Transparenz in bezug auf die Einschätzbarkeit der eigenen Leistungsgüte. Diese Art von Arbeitsstrukturierung bietet zwar eine

Voraussetzung dafür, daß sich Arbeitsmotivation entwickeln kann, sie enthält jedoch weder Garantien dafür, daß die so entstandene Motivation sich in konkrete und zielorientierte Handlungen umsetzen läßt, noch Hinweise darauf, wie sie es - wenn überhaupt - tut. Die Bildung von teilautonomen Gruppen mit großen Handlungsspielräumen reicht deshalb keineswegs aus, hohe Produktivität zu erreichen und zu sichern. Wenn man an dem Gedanken festhalten möchte, durch die Gestaltung von Arbeitsgruppen eine Produktivitätssteigerung zu bewirken, dann ist es unumgänglich, auch Instrumente zu entwickeln, die es den Gruppenmitgliedern erlauben, ihre Leistungen in eigener Regie zu beobachten und zu erfassen. Nur gemessene Leistungen versetzen die Gruppe in die Lage, ihren Erfolg im Hinblick auf die vereinbarten Zielen zu bewerten und ihr Handeln langfristig auf das Erreichen dieser Ziele hin auszurichten.

Was für das Management von Produktivität (Pritchard/Kleinbeck/Schmidt 1993) gilt, sollte auch für das Management von Arbeitssicherheit Bestand haben. Um diese Idee einsehbar werden zu lassen, will ich im folgenden so knapp wie möglich die Grundzüge eines *Partizipativen Sicherheitsmanagement (PSM)* darstellen, mit dessen Hilfe Mitarbeiter partizipativ zu höherer Arbeitssicherheit beitragen können. In einem zweiten Schritt werde ich dann ein Beispiel für die Anwendung von PSM zur Erhöhung von Arbeitssicherheit zur Diskussion stellen.

4 Das Managementsystem PSM - durch Mitarbeiterbeteiligung zu höherer Arbeitssicherheit

Wie bei der Managementtechnik PPM erfolgt auch die Einführung von PSM in vier aufeinanderfolgenden Schritten, bei denen gemeinsam von allen Mitgliedern der Arbeitsgruppe Antworten auf die folgenden Fragen erarbeitet werden:

Schritt 1: Bestimmung von Aufgabenbereichen der Arbeitssicherheit

> *Frage:* Welche Aufgaben, Pflichten und Funktionen zur Gewährleistung von Arbeitssicherheit hat die Arbeitsgruppe zu erfüllen?

Schritt 2: Entwicklung von Indikatoren (im Sinne von Meßgrößen)

> *Frage:* In welchen von den Mitarbeitern zu beeinflussenden Meßgrößen spiegelt sich wider, wie gut

die Gruppe ihr Aufgaben, Funktionen und Pflichten zur Gewährleistung der Arbeitssicherheit erfüllt?

Schritt 3: Festlegung von Bewertungsfunktionen

Frage: Welche Beiträge zur Arbeitssicherheit resultieren aus den verschiedenen Indikatorausprägungen?

Schritt 4: Gestaltung der Rückmeldeberichte

Frage: Wie kann man die gemessenen Indikatorwerte auf der Basis der vorliegenden Bewertungsfunktionen nutzen, um die Arbeitssicherheit zu erhöhen?

Diese vier Schritte haben natürliche Arbeitsgruppen (mit 5 - 20 Mitarbeitern) in eigener Verantwortung zu vollziehen. Jede Gruppe wird dabei von einem Moderator betreut, der die Technik kennt und in der Einführungsphase ständig zur Verfügung steht, um den Implementierungsprozeß vorzubereiten. Die Gruppen treffen sich in der Regel einmal pro Woche oder auch in größeren zeitlichen Abständen, um gemeinsam die in den vier Schritten zu erfüllenden Aufgaben zu bearbeiten. Der ganze Prozeß dauert etwa vier bis sechs Monate, bevor die ersten Rückmeldeberichte gegeben und besprochen werden können.

Um einen ungefähren Eindruck darüber zu vermitteln, wie die Ergebnisse der Aufgabenbewältigung im Zusammenhang mit den 4 Einführungsschritten aussehen könnten, werde ich nun ein einfaches Beispiel vorstellen, das mehr aus dem Wunsch heraus, etwas klarzulegen, entstanden ist, als aus fachlich kompetenter Kenntnis des Problemfeldes Arbeitssicherheit.

5 Die Anwendung von PSM - Ein Beispiel

Bei Durchsicht der vorliegenden Literatur zur Psychologie der Arbeitssicherheit fällt es nicht schwer, Aufgaben, Pflichten und Funktionen zu entdecken, die Arbeitsgruppen erfüllen müssen, wenn Arbeitssicherheit zu gewährleisten ist. Ich habe sie in der folgenden Liste zusammengestellt als ein Beispiel dafür, was eine Arbeitsgruppe im ersten Schritt der Verfahrenseinführung erarbeiten könnte.

Sicherheitsaufgaben

- Wissen aktualisieren:
  über technische Prozesse,
  über Mensch-Maschine-Interaktionen,
  über das Potential menschlicher Fehlhandlungen,
  über soziale Interaktionen
- *Sicherheitsmotivation verstärken*
- Erkennen von Beinaheunfällen verbessern
- Gefahrensignale schaffen, darüber informieren und sie erkennbar machen
- *Bewältigungsstrategien für die Beseitigung signalisierter Gefahren entwickeln*
- Einüben sicherheitsorientierter Handlungen
- Verhinderung von Ermüdung (z.B. durch sinnvolle Pausen)
- Analyse der wahrscheinlichen Unfallursachen.

Zwei dieser Aufgaben habe ich herausgehoben, um die weiteren Schritte der Verfahrenseinführung illustrieren zu können. Ich greife diese zwei Aufgaben heraus und füge Indikatoren hinzu, von denen ich mir vorstelle, daß sie als Meßgrößen in Arbeitsgruppen entwickelt werden könnten. Für die Aufgabe "*Sicherheitsmotivation verstärken*" könnten folgende Indikatoren von Bedeutung sein:

- Einhalten von Sicherheitsvorschriften
- Überwachung von Mensch-Maschine-Systemen
- Identifikation mit den Zielen der Arbeitssicherheit.

Als zweite Aufgabe habe ich die "*Entwicklung von Bewältigungsstrategien für die Beseitigung signalisierter Gefahren*" ausgesucht; ihr ordne ich die folgenden Indikatoren zu:

- Wartungshäufigkeit der Maschinen
- Prüfungshäufigkeit kritischer Ereignisse im Mensch-Rechner-Dialog
- Vorsorgliche Pflege der Maschinen
- Vorsorgliche Pflege der Software.

Zur Verdeutlichung der im dritten Schritt festzulegenden Bewertungsfunktionen wähle ich den ersten Indikator der zweiten Aufgabe, nämlich die Wartungshäufigkeit der Maschinen. Die in Abb. 1 enthaltene Funktion setzt die möglichen Indikatorwerte (zwischen "keine Wartung" bis 14mal in zwei Wochen) in Beziehung zu der erwarteten Arbeitssicherheit. Auf der Ordinate wird der Grad an Arbeitssicherheit angegeben, der zwischen 0 und 100 schwanken kann.

Wie man leicht aus Abb. 1 erkennen kann, verläuft die hypothetische Funktion nicht linear. Ihr Verlauf wird mit zunehmender Wartungshäufigkeit steiler, um dann bei etwa 8 - 9 Wartungen pro zwei Wochen ihr Maximum zu erreichen. Weitere Wartungen tragen dann nicht mehr zur Erhöhung der Sicherheit bei. Je steiler die Kurve verläuft, desto lohnender ist es, den Indikatorwert zu erhöhen.

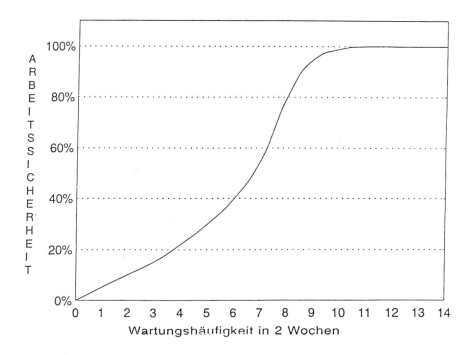

Abb. 1: *Korrelation von Wartungshäufigkeit und Arbeitssicherheit*

Auf diese Weise kann man mit dem Managementsystems PSM die Bewertungsfunktionen für alle Indikatoren erarbeiten und wird dadurch in die Lage versetzt, einen mittleren Arbeitssicherheitswert für die Arbeitsgruppe zu kalkulieren. Dieser Wert wird dann in einem Gespräch (natürlich auch unter Berücksichtigung aller Einzelwerte pro Indikator) an die Arbeitsgruppe zurückgemeldet. Diese Rückmeldegespräche erlauben es, Handlungsprioritäten für die Erhöhung von Arbeitssicherheit festzulegen und dort zu investieren. Im nächsten Rückmeldebericht kann man dann überprüfen, ob sich die Gruppe im Sinne der Sicherheitserhöhung verbessert hat.

6 Gründe für die Wirksamkeit von PSM

Das partizipative Sicherheitsmanagement kann sich aus einer Reihe von Gründen positiv auf die Arbeitssicherheit auswirken. Da sind zunächst einmal die motivationalen Gründe:

1. Bei den Mitarbeitern besteht eine große Akzeptanz dem Verfahren gegenüber, weil sie an allen Phasen seiner Entwicklung und seines Einsatzes aktiv beteiligt sind.

2. Sie erleben eine sichtbare Verbesserung der von ihnen erzielten Werte bei den Rückmeldegesprächen, durch die ihnen dann auch die Beziehung zwischen investierter Anstrengung und erreichtem Ergebnis deutlicher wird.

3. PSM fördert die Transparenz und Klarheit der eigenen Arbeitsrolle und unterstützt dadurch die Entstehung und Aufrechterhaltung von Verantwortlichkeitsgefühlen. Außerdem hilft es den Mitarbeitern dabei, interne Ziele zu setzen.

Auch unter strukturellen Gesichtspunkten funktioniert PSM, weil:

- es nicht aufgesetzt, sondern von unten nach oben entwickelt wird
- es den Mitarbeitern hilft, sich mit ihrem System zu identifizieren
- es ihnen Prioritäten zwischen verschiedenen Zielkriterien sichtbar werden läßt
- mit ihm konfligierende Ziele oder Anforderungen integriert werden können.

Darüber hinaus funktioniert PSM, weil die Beteiligten alle Informationen darüber erhalten, was zu tun ist, was wichtig ist, was erreicht worden ist, welcher Sicherheitsbeitrag resultiert, welche Strategien weiterhin eingesetzt werden müssen und wohin eine bestimmte Handlung geführt hat.

7 Möglichkeiten und Grenzen von PSM

Das partizipative Produktivitätsmanagement – nach dessen Muster PSM allgemein gestaltet wurde – hat sich in einer Reihe von Anwendungsfällen praktisch bewährt. Die Motivation der Mitarbeiter richtete sich dabei deutlich auf die für den Erfolg wichtigen Organisationsziele aus, die Mitarbeiter waren nach Einführung von PPM besser informiert, und die Strukturen der Gesamtorganisation veränderten sich in Richtung auf eine Unterstützung von Arbeitsgruppen, die sich selbst organisieren. Betrachtet man diese Ergebnisse näher, so wird deutlich, daß sie im wesentlichen durch zwei zentrale Faktoren bedingt sind. Zum einen fallen sie deshalb so erfolgreich aus, weil die von den Arbeitsgruppen für die einzelnen Aufgabenbereiche festgelegten Indikatoren dadurch charakterisiert sind, daß die Mitarbeiter sie durch das eigene Verhalten beeinflussen können. Dadurch werden sie in die Lage versetzt, aus eigenem Antrieb Veränderungen herbeizuführen. Zum zweiten beruht der Erfolg von PPM auf der systematischen Rückmeldung über das Arbeitshandeln (vermittelt über die Indikatorwerte und die Bewertungsfunktionen). Sie erlauben eine exakte Bestimmung von Handlungsprioritäten und in ihrer Folge eine auf die Ziele der Organisation abgestimmte Auswahl von Handlungsstrategien.

Greifen diese Mechanismen auch bei PSM, so ist zu erwarten, daß ein Einsatz dieser Methode die Arbeitssicherheit erhöht. Die Sicherheitsmotivation der Beteiligten wird gesteigert, und infolgedessen kommt es zu einer Förderung der Wissensaktualisierung auf allen Ebenen. Allerdings bezieht sich dies nur auf solche Indikatoren von Sicherheitsaufgaben, die von den Mitgliedern einer PSM-Gruppe auch direkt zu beeinflussen sind.

Damit sind auch die Grenzen von PSM markiert. Das Verfahren kann nur in jenen Bereichen der Arbeitssicherheit positive Wirkung zeigen, die durch menschliches Handeln zu beeinflussen sind. Über diese Bedingungen sollte man sich bei der Anwendung von PSM im klaren sein.

Literatur

Pritchard, R. D./Kleinbeck, U./Schmidt, K.-H. (1993): Das Managementsystem PPM. Durch Mitarbeiterbeteiligung zu höherer Produktivität, München

Sozialwissenschaften und Technik

Hans-Jürgen Weißbach / Andrea Poy (Hrsg.)
Risiken informatisierter Produktion
Theoretische und empirische Ansätze. Strategien zur Risikobewältigung

1993. VIII, 372 S. (Beiträge zur sozialwissenschaftlichen Forschung, Bd. 122) Kart.
ISBN 3-531-12456-0

Dieser Band dokumentiert die gegenwärtig in den Disziplinen der Arbeitswissenschaften, Soziologie sowie Organisationspsychologie geführte Diskussion über die Risiken informatisierter Arbeitsprozesse und versucht, die Ergebnisse interdisziplinär fruchtbar zu machen. Exemplarisch werden in den Feldern der Flexiblen Fertigungstechnik, CIM und Prozeßleittechnik von den Autoren besondere, durch den Einsatz neuer Technologien hervorgerufene Risikopotentiale ausgemacht, weiterführende Lösungsstrategien vorgestellt und auf ihre praktisch-präventive Relevanz überprüft.

Hans-Jürgen Weißbach / Elmar Witzgall / Robert Vierthaler
Außendienstarbeit und neue Technologien
Branchentrends, Fallanalysen, Interviewauswertungen

1990. X, 377 S. (Sozialverträgliche Technikgestaltung, Bd. 13) Kart.
ISBN 3-531-12207-X

Laptop, Autotelefon, Btx und Datenfernübertragung sind heute gängige Arbeitsmittel von Außendienstlern. Aus der Übernahme in das Angestelltenverhältnis und der engen informations-technischen Anbindung an das Unternehmen folgt jedoch nicht zwangsläufig eine soziale Integration in den Betrieb oder gar eine Vereinheitlichung der Interessenlagen von "stationären" und mobilen Mitarbeitern. Im Gegenteil. Statusdifferenzen fächern sich weiter auf, komplizierte Vertretungs- und Mitbestimmungsprobleme sind aufgeworfen. Die Studie liefert eine erste Übersicht über die Entwicklung in einer Reihe von Branchen und über betriebliche Voraussetzungen und soziale Folgen des Technikeinsatzes.

Ansgar Pieper / Josef Strötgen
Produktive Arbeitsorganisation
Handbuch für die Betriebspraxis

2. Aufl. 1993. VI, 177 S. (Sozialverträgliche Technikgestaltung, "Materialien und Berichte", Bd. 35) Kart.
ISBN 3-531-12437-4

Der Einzug der Mikroelektronik in die Fertigung bietet weit mehr Optionen zur Gestaltung betrieblicher Organisation, als dies mit konventioneller Technik möglich war. Damit können viele Flexibilitätsprobleme von Betrieben durch neue Organisationsformen der Arbeit gelöst werden. Das vorliegende Handbuch ist ein Bildungsbaustein, der in Kursen für Führungskräfte eingesetzt werden kann.

WESTDEUTSCHER VERLAG
OPLADEN · WIESBADEN

Sozialwissenschaften und Technik

Helmut Fangmann
Rechtliche Konsequenzen des Einsatzes von ISDN
1993. 349 S. (Schriftenreihe der ISDN-Forschungskommission des Landes Nordrhein-Westfalen) Kart.

ISDN wird flächendeckend für ganz Europa und in Übersee errichtet und deshalb wie kein anderes Telekommunikationsnetz Millionen von Nutzern – Betriebe, Verwaltungen und private Haushalte – betreffen.

In dieser Studie wird den Gefährdungen und Risikopotentialen hinsichtlich Persönlichkeitsschutz, Datensicherheit und Schädigungen aller Art detailliert nachgegangen. Darüber hinaus werden die Funktion des EG-Rechts, der Grundrechte der telematischen Selbstbestimmung und ihrer Grenzen, die neuen Allgemeinen Geschäftsbedingungen der Deutschen Bundespost TELEKOM, das gesamte Vertrags- und Haftungsrecht sowie die arbeitsrechtlichen Bedingungen aufbereitet.

Manfred Daniel / Dieter Striebel
Künstliche Intelligenz, Expertensysteme
Anwendungsfelder, neue Dienste, soziale Folgen
1993. VIII, 274 S. (Sozialverträgliche Technikgestaltung, Bd. 32) Kart.
ISBN 3-531-12535-4

Unter dem Gesichtspunkt der sozialverträglichen Technikgestaltung werden in diesem Buch Möglichkeiten aufgezeigt, die noch junge Expertensystemtechnik und ihre Anwendungen in den Wirtschaftssektoren Produktion und Dienstleistungen nach sozialorientierten Kriterien zu gestalten. Neben der inhaltlichen Arbeit war ein wesentliches Ziel des Vorhabens, die Ergebnisse zusammen mit den an der technischen Entwicklung Beteiligten (Wissenschaftlern, Entwicklern, Anwendern, Betroffenen, Gewerkschaften) zu erarbeiten.

Christian Boß / Volker Roth
Die Zukunft der DV-Berufe
1992. XVII, 304 S. (Sozialverträgliche Technikgestaltung, „Materialien und Berichte", Bd. 31) Kart.
ISBN 3-531-12367-X

Diese Untersuchung stellt umfassend die aktuelle Situation und die Zukunftsperspektiven der DV-Berufe dar. Die Analyse der Aus- und Weiterbildungssituation, die Entwicklung der Qualifikationsanforderungen sowie wichtiger Arbeitsbedingungen von DV-Fachkräften kommt zum Ergebnis: Die Berufsperspektiven dieser Gruppe sind nicht mehr ungetrübt, „die rosigen Zeiten sind vorbei". Die Studie empfiehlt daher eine Neuordnung der DV-Berufe und eine grundlegende Umorientierung der Qualifizierungspolitik. Gleichzeitig werden Maßnahmen zu einer menschengerechten Gestaltung der Arbeitsbedingungen vorgeschlagen.

WESTDEUTSCHER VERLAG
OPLADEN · WIESBADEN